U0364104

隐·侠

古代中国的茶酒生活

包静 主编

中国茶叶博物馆 编著

浙江古籍出版社

主编

包 静

策展

李竹雨

编撰

（按姓氏笔画排序，不分先后）

王 慧　乐素娜　李竹雨　李 靓　朱慧颖　汪星燚

张宵悦　林 晨　郭丹英　姚晓燕　晏 昕　黄 超

展览协力

（按姓氏笔画排序，不分先后）

王慧英　王一潇　朱 阳　李 昕　张 佳　周 彬

金鑫英　赵燕燕　蔡嘉嘉

目录

序

一茶一酒，一饮千年。

或浓烈，或清雅，不变的是香中凝聚匠魂匠心。“采采黄金芽，不寄陇头人”，道不尽采茶之精心；“酿酒春入水，诗成月照楼”，诉不完酿酒之诗意。茶之炒制、烘焙，酒之发酵、蒸馏……每一步技艺都饱含着古人的心血与智慧，体现着匠人对工艺品质的极致追求。

或侠义，或柔情，不变的是盏间觅得知己知音。“寒夜客来茶当酒，竹炉汤沸火初红”，无论是宫廷盛宴、民间小聚，还是婚丧嫁娶、节庆祭祀，茶与酒都是不可或缺的社交媒介。

茶与酒，既独立，又相依，共同绘就独属于中国社会的文化图景。中国茶叶博物馆巧妙结合茶酒共性，系统总结古代生活中茶与酒的方方面面，以小见大，让读者在一品馥郁中寻觅中国文化的独特魅力，在一饮醇厚中回味传承千年的处世哲学。

我乐之为序！

浙江大学求是特聘学者、教授
国务院学科评议组成员
浙江大学茶叶研究所所长

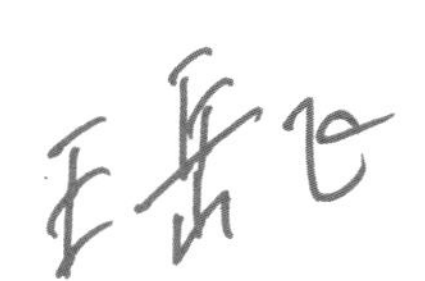

明代中晚期民间饮茶习俗及其社会功能的探究

——以明代小说戏曲材料为中心

李竹雨

中国唐宋时期流行的团饼茶在明代基本让位于条形散茶。明代初期由于政府的倡导，条形散茶成为社会主流的茶品，而这种条形散茶的制茶工艺依旧保留了唐宋以来的蒸青法，饮用方式也多延续宋代以来的点茶法。明代中晚期，茶叶加工出现了重大变革，锅炒杀青技术出现，蒸青散茶改进为炒青散茶，炒青绿茶工艺提高了绿茶的香气和茶汤滋味浓度，并推动了新的饮茶习俗——瀹饮法的普及。这种以沸水冲泡散茶的饮茶方式方便快捷，逐渐在中国南北地区流行。

饮茶行为对不同的接受群体产生了不同影响。一方面文人学者赋予饮茶超越了物质层面的精神意涵，使日常茶事具有了“形而上”的意味，文人雅士通过饮茶以及茶器、茶境、茶侣的择选来表达自我意识和人格追求，茶事活动在很多场合表现为一种审美行为。另一方面，随着商业的发展，民间百姓的茶事呈现出生机勃勃的势头，展现出另一种区别于文人所追求“雅”的社会审美，更多地显示出其丰富的社会功能。相对于明代文人茶事记录的卷帙浩繁，民间的茶事却罕有系统的记载，只是零散见于不同文献。而明代中晚期，通俗小说戏曲发展蓬勃，这些文学作品生动记录了当时人的日常生活状态。通过整理分析这些文学作品中的茶事活动，可以系统展示明代中晚期民间饮茶习俗，探索饮茶习俗的社会功能。

一、花果入茶——明代的养生观

唐宋之时民间饮茶已有加杂果品、香料等习俗。至明代，这种添加花果的饮茶方式在民间蓬勃发展。对于这种饮茶方式，相关文人撰写的茶书有不少记载，如顾元庆《茶谱》：“烹点之际，不宜以珍果、香草杂之。”张源《茶录》：“茶中着料，碗中着果，皆失真也。”文人追求茶之真味，对加杂花果的方式总体并不赞同，不过从各种文献来看文人似乎还是对此有所妥协，高濂在“择果”一栏中反对加入会夺茶香和夺茶味的花果，如木瓜、茉莉、桂圆等，不过对核桃、瓜仁、橄榄仁等认为“或可用也”。顾元庆《茶谱》也有同样的认识，另外还详细介绍了莲花茶、橙茶的制法。

与茶书相呼应的是明代各种小说对于花果入茶的描写。《金瓶梅》全书中出现了近十八种加杂花果的茶名。《西游记》第一回里就提到“胡桃银杏可传茶”。第七十三回，道士笑道：“不瞒长老说，山野中贫道士，茶果一时不备。才然在后面亲自寻果子，止有这十二个红枣，做四钟茶奉敬。”《喻世明言》第三卷，“这两包粗果，送与姐姐泡茶”。《醒世姻缘传》七十八回，“盐木樨，点过绍兴茶”。

可见在明代民间的日常生活中，茶饮中夹杂各类花果已是常态，并且人们选择这些花果并非一时兴起的随手冲泡，而是形成了固定的搭配。常见入茶的花果主要有枣、姜、橄榄仁、瓜仁、核桃、笋、芝麻、木樨、莲花或者腌制过的橙子、樱桃、梅子等等。随着茶中加杂果类使用的常规化，甚至出现了专门用于吃茶果的茶匙。茶匙在宋代已有之，当时为点茶的击拂器具，之后为茶筅所替代逐渐退出历史舞台。而在明代，因为花果入茶的兴盛，茶匙重回茶具队伍，从点茶器具转为取食茶汤中果品的器具。明代沈采撰戏曲《千金记》的插图里，二人手持茶钟中都有一匙柄。

明 富春堂刊本《千金记》插图

花果入茶的兴盛有多种原因，追求茶汤口感的多元化或充饥是主要原因。也有人认为明代中晚期经济繁荣，人们普遍追求物质享受、刺激饮食欲望的社会风气刺激了这种饮茶方式的兴盛，而从明人注重入茶花果的搭配来看，明代民间的养生观念对此影响甚大。

茶的最初利用就与它的药用价值密切相关，明代之前已有多种关于茶的药理知识，如解酒、护齿、消食、下气等等。有明一代药物学取得了显著的成就，关于茶叶的养生和医疗知识较之前代更为充分，各种茶药合用或者单用的药方出现，同时食疗食养的观念也在明代受到大力推崇，多种因素促进了明代民间对于各种花果入茶的探索。《遵生八笺》载：“野蔷薇花二种……采花拌茶，疟病烹食即愈。”《本草纲目》记载了多种花果与茶合用的药方，如乌梅和建茶、干姜合用具有止休息痢，止久咳等作用；姜茶可以治疗痢疾。加之人们对一些常见花果的养生价值也有较多的认识，如荔枝有生津止渴、理气养血的功效，核桃有润肠和排石之功效，栗子有益气补脾的功效等等，诸如此类不胜枚举，这些花果和茶叶合用，能弥补茶叶性寒的缺点，增加茶汤的保健功能，茶食相合养生的观念在民间广泛流传。

《金瓶梅》第七十一回里提到西门庆喝姜茶，前文中提及“今日天气甚是寒冷”，何太监还让人烧了炭来取暖，而姜具有解表驱寒的功效，可见明代民间在选择这些果茶时已经考虑到当时环境因素。《西游记》里提到果茶相较于《金瓶梅》中的果茶显得朴实许多，只提到枣茶一种，第七十三回黄花观观主接待唐僧师徒时便是以枣茶相待。《西游记》选择枣茶，有更深次的原因，枣自秦汉之际就被方术之士赋予了神秘色彩，既是神仙食用的食物，亦是长生不老的药物，书中以枣入茶，符合黄花观观主道家的身份。而《醒世姻缘传》第五十六回薛素姐去庙里看打醮，“喝着那川芎茶”，而川芎是一味活血化瘀中药材，具有疏风、治疗头痛的效果。有意思的是，这一节里恰恰是薛素姐执意去看打醮，更是私自回娘家，把狄婆子、薛教授气得“一齐中痰”，而这肇事的薛素姐却在悠哉地喝着疏风治头痛的茶，颇有讽刺之意。

这类花果茶汤的养生实用性使其流传非常广泛，而且在如今茶俗中依旧存在，比如环太湖地区的“元宝茶”，依旧以橄榄入茶；浙江一带的熏豆茶，仍然用盐熏的青豆和笋干入茶。此类茶俗在各地区至今都有不同形式的保留。

二、会茶——活跃的民间社交活动

以饮茶为核心的集会活动唐代时已有记载，唐代茶饮兴盛与佛教关系密切，此时茶会多见于僧人文人群体，参与者多以茶为媒介来清谈禅理。宋代饮茶之风较前朝更为兴盛，茶会频繁，蔡京有《太清楼特燕记》记载徽宗宴饮分茶的游宴活动，《萍洲可谈》记载太学生已有固定的茶会活动，更是以茶会作为交换消息的重要场所。而至明代，文人茶会更是兴盛，出现了各种形式的茶会活动，有学者将其归类为山水、集社、茶寮以及园庭等类型。这些明代文人的茶会活动通常包含品茶、品泉、鉴画、焚香、诗论等充满文人趣味的项目。与文人阶层不同的是，在明代民间出现了名为“会茶”的活动。

《金瓶梅》全书提到了多次“会茶”，有花子虚举办的会茶，常峙节家的会茶，文妈妈家里办的会茶，还有汤来保的会茶等。花子虚的会茶是西门庆等朋友十人约好的每月聚会活动，“那西门庆立了一伙，结识了十个人做朋友，每月会茶饮酒”。西门庆等人的会茶活动包括了喝茶、饮酒、吃饭、看戏等各式娱乐项目，实际上是亲密朋友间的社交活动，所谓的会茶不过是个名目而已。

书中六十八回里提到了文妈妈的会茶。西门庆的小厮玳安来寻文嫂办事，起初文嫂家人推说文嫂不在，后面被玳安发现文嫂后，文嫂才解释“我今日家里有会茶”。后文中又具体提到文嫂陪着几个道妈妈子吃茶。看来不仅如西门庆这样的有钱人会举办会茶的活动，像文妈妈这样的底层百姓亦有举办会茶的行为，只是相对简陋，仅仅只是几人围坐喝茶，没有饮酒、吃席、歌舞等活动。比较重要的是，这个会茶主要招待“道妈妈子”，即道婆；从后面六十九回里文妈妈向林太太讲了她办会茶的原因是“赶腊月要往顶上进香”，文妈妈办会茶的目的是为了进香这样的活动联络道婆做准备。《醒世姻缘传》八十五回里也提到了素姐和一些道友在张师傅家会茶。素姐拜了张、侯二道婆为师傅，道友之间会茶也是布道、联络感情的集会。

《喻世明言》第十一卷提到赵旭在茶坊与朋友会茶；《水浒传》第九十回李逵和燕青在茶肆吃茶，看到对面有个老者，“便请会茶”。《金瓶梅》中常峙节举办会茶时因为家里没地方，就请了西门庆等好友去永福寺玩耍。可见不仅在家中可以举办会茶，在茶坊等公共空间亦可。

会茶就是民间百姓聚会的一种形式，与文人的茶会相较，民间会茶无论是富豪之家的豪华会茶还是平民百姓的简易会茶，都没有品茶、品泉、鉴画、焚香、诗论等项目，而是更注重联络感情的实际作用，本质还是民间的一种休闲活动。

三、茶食兴盛——人情往来的媒介

茶食有两层含义：一是以茶制作的食物，二是用以佐茶的食物。本文讨论的茶食为后种情况。佐茶食物种类丰富，宋时《梦粱录》“分茶酒店”一节记载将百余种佐茶食物，茶食种类异常丰富，包括了水果、干果和各种加工菜肴，如百味羹、锦丝头羹、海鲜头食等等。

至明代中晚期，茶食已然成为百姓日常生活的重要组成部分，而茶食的社会功能刚开始主要配合茶本身的社交功能。魏晋南北朝时已经出现了以茶待客的现象，宋时以茶待客已是整个社会比较普遍的习俗。发展至明代，民间更是形成了茶食和茶一同成为招待客人的礼仪。

《金瓶梅》多处体现了用茶食招待的礼仪。第十五回里，李瓶儿招待来送东西的玳安便是“摆了四盒茶食”。第三十二回里提到“小玉放桌儿，摆了八碟茶食，两碟点心，打发四个唱的吃了”。四十三回里吴月娘招待乔太太安排了极为丰富的茶食，“前边卷棚内安放四张桌席，摆下茶。每桌四十碟，都是各样茶果甜食，美口菜蔬，蒸酥点心，细巧油酥饼馓之类”。《醒世姻缘传》第六十九回“主人家端水洗脸，摆上菜子油炸的馓枝、毛耳朵，煮的熟红枣、软枣，四碟茶果吃茶”。《初刻拍案惊奇》卷十七，吴氏进去剥了半碗细果，烧了一壶好清茶，叫丫鬟送出来与知观吃。茶食招待无论是对家中贵宾还是下人戏子都是应有的礼仪，招待对象身份的差距仅体现在提供茶食的丰厚与简薄，但这一行为是必不可少的。

茶的另一层社会属性便是亲友互相馈赠的礼品，特别是在节日或重大事务中具有重要的社交属性。《梦粱录》便已记载宋代街坊的居民在朔望日或逢吉凶事时，会送邻居茶水，并通过送茶的来交换信息，“倩其往来传语”。明代民间这类习俗得到了极大的发展，送茶已成为乔迁、探望等社会活动中必带的礼品，具有维持社会关系的特殊意义。在相关社会学或者人类学的研究中，礼物的交换和人际关系紧密相关，而在明代中晚期的社会中，茶叶成为这类特定的礼物，和日常生活中的重大事件紧紧联系在一起。如《金瓶梅》第三十三回乔大户搬家，潘金莲就问陈经济怎么没去送茶，陈经济回复说是一早就已经送过了。第七十八回，何千户东京的家眷到了，西门庆以吴月娘的名义送了茶过去。《初刻拍案惊奇》卷三十四提到翠浮庵的观主去杨妈妈家探望时，特意带了“一包南枣，一瓶秋茶，一盘白果，一盘栗子”。

特定的场合下赠送茶叶成为重要礼节时，人们若是没有遵守这一习俗，其社交关系便会受到影响。《金瓶梅》三十九回里王六儿购房搬迁后，街坊邻居碍于他是西门庆的伙计，因此不敢怠慢，所以“都送茶盒与他”。这里送茶的行为便是人们维持正常关系不可回避的礼仪。

通常茶叶是有季节性的，购买茶叶受到一定程度的限制。这时茶食的优势显现出来，它的种类多样，制作不受时间限制。而且明代中晚期商业兴盛，茶食更是出现了专业化和商品化趋势，不少城镇开有专门售卖茶食的店铺。明仇英《清明上河图》中可见一处专营的茶食店铺，铺子上有招牌“细巧茶食”，店铺的货架上有大盖盒，应是放置茶食的器皿。《二刻拍案惊奇》卷十四提到“官人急走到街上茶食大店里，买了一包蒸酥饼，一包果馅饼，在店家讨了两个盒儿装好了”。足见明代中晚期街市中茶食店铺的普及，寻常百姓获得茶食比较方便。

明 仇英《清明上河图》（局部）

各种因素的综合作用下，茶食也逐渐成为人情往来的互赠礼品，并逐步替代了茶叶本身的功能。如《水浒传》二十四回：“自从武松搬将家里来，取些银子与武大，教买饼馓茶果，请邻舍吃茶。”《初刻拍案惊奇》卷六：“赵尼姑办了两盒茶食，来贾家探望巫娘子，巫娘子留她吃饭。”《西游记》第二十一回，八戒道：“这家子惫懒也。他搬了，怎么就不叫我们一声？通得老猪知道，也好与你送些茶果。”《喻世明言》第二十二卷，陈县宰打听到唐孺人身体不适，于是便备了四盒茶果之类，教奶奶到丞厅问安。

茶叶的互赠引申出更深次的社会往来——贿赂和酬谢。前文提到茶叶的生产和

制作深受季节和地域的制约，有时便会用银钱替代。久而久之，赠茶本身的意义淡化，更多在于银钱的给付，成为贿赂的一种形式，特别明代中晚期重物欲的社会风气使得这类以赠茶之名而行贿赂之事极为常见。《初刻拍案惊奇》第一回，文若虚拿出银钱让张大分给船上同行的几十人，“每位一个，聊当一茶”。主人家给文若虚一行人每人一串细珠，也是指“备归途一茶罢了”。《金瓶梅》八十五回，陈经济为了得到春梅的消息，给了薛妈妈一两银子，说道：“这些微礼，权与薛妈买茶吃。”第八十六回，陈经济为了和金莲见面，便给了王奶奶两吊铜钱，并说：“两吊钱权作王奶奶一茶之费。”第三十六回，西门庆为了巴结蔡状元和安进士赠送了大量金银，口中却是说道：“少助一茶之需。”很多小说戏曲中都有“一茶之费”或者“聊当一茶”的说法，这类行为其实都是以茶为名目的贿赂，而其中这些金额不大的情况，也可以理解成人情往来中的酬谢。

随着茶食兴盛，赠茶食的社会礼仪被人们广泛接受。同样，茶食虽然较茶叶易得，但也受到环境的制约，在不方便购买或者自己制作茶食时，用银钱的替代成为必然，并逐渐衍生出“茶果银”这专有名词。《水浒传》第一百四十回就提到范全向李助送了五两茶果银。《二刻拍案惊奇》卷三十二张福娘的故事里提到留制使与王少卿向张福娘母子赠路费、茶果银两。同样“茶果银”在正常的人情往来外发展出贿赂之功能，《梼杌闲评》第四十二回：“每年解京缎匹的旧例……应有司礼监茶果银三千两。”这里提到的“茶果银”已经不是正常的人情往来，而是明末官场发展出一种行贿受贿的名目，因而金额巨大，远远超出了正常的茶食费用。《明世宗实录》里也提到“起运内臣索茶果银百二十两……民不堪命，宜有以禁之”。明末官场腐败，贿赂之风盛行，“茶果银”名目成为官员索贿的重要名目之一。直到清代“茶果银”这一名称依旧存在，成为官府规定的漕运税费的一种，而且在驿站、会馆都有明确的开支列项，成为社会生活重要的消费项目。

四、以茶行礼——明代婚丧礼仪中的茶

婚礼是中国人日常生活中极为重要的事项，自周代就形成了以“六礼”为核心的仪式流程，后世的婚礼流程便在此基础上不断变化。在此六礼中，纳征是婚姻成立的重要标志。纳征，即男方送聘礼到女家。聘礼中的物品历代变化较大，茶是从宋代起正式出现在聘礼中，《梦粱录》中已有聘礼用茶饼的记载。茶虽然从宋代起成为聘礼中的物品，不过宋人并未对聘礼中茶的意义加以演绎。

至明代，茶在聘礼中的意义较之其本身的价值显得更为重要。明人认为茶树不可以移植，因而茶有“至性不移”的意义，因此将茶的这一属性和婚姻的特性结合起来，

使茶在婚礼中具有不可替代的象征意义。在明代小说中大量的关于聘礼用茶的细节描写，可以看出茶在聘礼中极其重要的地位，下聘礼往往以下茶代替之，更有衍生出下茶意味婚姻的成立，而吃了谁家的茶或者接了谁家的茶也等同于婚姻关系的确立。

《西游记》第十九回，行者笑道："这个呆子！我就打了大门，还有个辩处。像你强占人家女子，又没个三媒六证，又无些茶红酒礼，该问个真犯斩罪哩！"

《金瓶梅》第九十七回，春梅替陈经济说亲，"备了两抬茶叶、喜饼、羹果"。第九十一回，李衙内娶孟玉楼，定了日子后就开始办"茶红酒礼"，到了四月初八那日，"县中备好了十六盘羹果茶饼，一副金丝冠儿，一副金头面……共约二十余抬……到西门庆家下了茶"。《金瓶梅》里关于下茶的描写有多处，从选取的两段来看，二者聘礼价值差距甚大，特别是李衙内的聘礼中，茶叶的价值并不是最高的，但都均以下茶称之，可知聘礼中茶的意义比其本身的价值来说更加的重要。

《醒世恒言》中《陈多寿生死夫妻》的故事里柳氏让女儿退掉陈家的聘礼，女儿便说："从没见好人家女子吃两家茶。""吃两家茶"意为女子定两家婚姻，以此来暗示女子的不贞。

除了聘礼以外，婚礼现场也有相关的重要饮茶仪式。《二刻拍案惊奇》卷二十五中徐达被称为徐茶酒，茶酒是当时一种职业，文中对该职业做了进一步介绍："如何叫得茶酒？即是那边傧相之名，因为赞礼时节在旁高声'请茶！''请酒！'多是他口里说的，所以如此称呼。"明代民间婚宴中有成熟的以茶行礼的流程，并且已有固定职业人来操办此事。

除了婚礼以外，茶在中国人历来重视的祭丧活动中也扮演了重要的角色。南北朝时期齐武帝萧赜已经提到用茶作为祭品，南朝志怪小说《异苑》中记载陈务的妻子常用茶饮祭祀家中后院的古坟。宋元时期，伴随着人们日常饮茶的普遍化，丧葬祭祀中用茶的形式更为多样，如朱子《家礼》中指出了丧礼中使用的茶酒之具，宋元时期墓葬的壁画出现了"奉茶"主题等等。从明代的小说戏曲材料来看，茶在祭丧活动中的作用主要有两种：一是直接用茶叶或者茶汤作祭祀之物；二是亲人家属在祭丧相关的社交互动中赠茶的礼仪。

《西游记》第三十八回，长老忽然惨凄道："可怜你妻子昏蒙，谁曾见焚香献茶？"这里提到的给死去的乌鸡国国王"焚香献茶"便是祭祀礼仪的一种，这里是直接以茶作为祭献的贡品。《初刻拍案惊奇》卷三十五，贾仁因为被增福神查到不敬天地、不孝父母等恶行，而要接受冻饿而死的惩罚，他辩解中提到"我也在爹娘坟上烧钱裂纸，浇茶奠酒"。《邯郸记》二十出："还望你祭功臣浇奠茶。"均是直接用茶来祭祀亡者。

另外一种用茶形式是在祭丧活动期间亲友的赠茶，即亲朋好友向举办祭丧活动的主人赠送茶的行为。《金瓶梅》第七十八回，李瓶儿死后念百日经“各亲朋都来送茶，请吃斋供，至晚方散”。六十八回里吴银儿提到自己在李瓶儿的“五七”和“断七”等祭丧活动中都有送茶。在不方便赠送茶时，也有用银钱代替的行为，《金瓶梅》第三十九回西门庆在玉皇庙打醮，应伯爵等人因为路远带茶不方便就封了一星折茶银子。可见明代民间丧葬祭祀等活动中送茶的礼仪十分重要，茶叶成为这类社交互动的一种重要物质载体。

五、雅的追寻——明代民间对文人饮茶的模仿

明代民间生机盎然的饮茶习俗并不影响民众对文人“雅”的追寻，晚明商业繁荣，财富积累迅速，使得民众有能力去模仿文人的风雅之事，从房屋、园林、服饰到饮食。饮茶因文人喜爱，在著书、茶会等各种文人雅事的“包装”下，某种程度上成为“雅事”的典范，因而模仿文人饮茶之“雅”也是民间饮茶的另一种特色，这种文人饮茶的“雅”在民间更多是一种展示而非日常习惯。

《金瓶梅词话》尽管处处体现了民间饮茶之俗，但在“吴月娘扫雪烹茶”一节却极尽模仿文人风雅之意。《金瓶梅词话》第二十一回讲到吴月娘与西门庆和好后，潘金莲、李瓶儿等人为他们办了宴席来赏雪，席间吴月娘扫雪烹煮江南雀舌芽茶。以雪水煮茶是文人所追求的雅致，吴月娘扫雪烹茶展现了西门庆富豪之家对风雅的追求。不过文中提到众人还没吃完这雪水烹煮的茶，西门庆就唤了李铭进来说话，“将手内吃的那一盏木樨金灯茶，递与他吃”。西门庆在这烹江南雀舌芽茶的茶事活动中喝的还是加了木樨的茶水。顾元庆《茶谱》、屠隆《茶笺》等文人茶书中旗帜鲜明地反对茶中加入这类会夺茶香的花类，可见民间富豪人家更多还是选择风味更浓郁的花果茶，对所谓茶的“真味”不甚讲究，而这场所谓雪水烹江南芽茶的茶事活动更多的是一种附庸风雅的表演。

《金瓶梅》插图《吴月娘扫雪烹茶》

茶成为雅事的象征，明中晚期文人在雅俗之别上的刻意追求，赋予饮茶或者烹茶的行为一种特别的含义，山间林下的雅集茶会，江中野舟的闲情饮茶，既是雅俗之别的追求，也是身份意识的区分。特别是明代中期，吴中地区开始的竹炉茶会风潮，又使得炉和壶等茶具的组合成为特定的意象。民间对于雅的模仿一种是环境的模拟，另一种就是器具的使用。大量的小说或者戏曲的文本插图中以茶具为意象代表，来补充场景的叙事。

邓志谟《梅雪争奇》
天启年间余氏萃庆堂版插图

明万历邓志谟所写的《梅雪争奇》为书生梦中梅雪二仙子互相争论的故事，书生入梦中见二仙子而来，桌前小童正蹲地烹茶，三足茶炉上放置提梁壶一把，一旁另有茶壶一把。而烹茶的情节在整个故事中并不起到重要的作用，绘图者应是以茶具意象来丰富书生个人形象。

《警世通言》卷二十六《唐解元一笑姻缘》是一则耳熟能详的唐伯虎点秋香的故事。唐伯虎为了娶得秋香一路跟随秋香乘坐的画舫，而在这种求而不得苦苦追寻的关键时刻，唐伯虎见船入无锡便停下了脚步，选择去惠山取水。这一情节的设置与整个故事情节的推动毫无关系，而是以惠山水和茶的特别意象来突出唐伯虎的“雅”，故事中以唐伯虎之口说道：“到了这里，若不取惠山泉也就俗了。”《警世通言》是当时面向普通民众的通俗文学，作者将“雅”这种主观感受和“茶”这一具体意象结合起来，符合民众共同心理基础上的认知，从而达到读者认同的效果。

结语

茶叶本身是明代大众日常生活中的具体物质，但它在时间的流转中累积了复杂且深厚的象征意义，成为一种具有隐喻意义的符号。它在明代中晚期的话本小说戏曲中反复出现，通过创作者的精心构建，茶承载了更为丰富的社会意义，透过这些浩瀚的文字材料，我们得以一窥明代中晚期民间的茶俗及其社会功能。

参考文献

1 吴承恩著.《西游记》. 长沙：岳麓书社，1987.
2 冯梦龙编著.《喻世明言》. 长沙：岳麓书社，2019.
3 西周生著，筱月校点.《醒世姻缘传》. 北京：文化艺术出版社，1995.
4 高濂著.《遵生八笺》. 成都：巴蜀书社，1988.
5 兰陵笑笑生著.《金瓶梅词话》（上下）. 北京：人民文学出版社，1985.
6 凌濛初著.《初刻拍案惊奇》. 长沙：岳麓书社，2010.
7 凌濛初著.《二刻拍案惊奇》. 北京：华夏出版社，2017.
8 施耐庵著.《水浒传》. 北京：人民文学出版社，1975.
9 李清著.《梼杌闲评》（下）. 长春：时代文艺出版社，2001.
10 “中央研究院”历史语言研究所编.《明世宗实录》卷八至二十四. 影印本，1965.
11 冯梦龙编著.《醒世恒言》. 北京：人民文学出版社，1956.
12 汤显祖著，邹自振评注.《邯郸记》. 北京：中国戏剧出版社，2010.
13 冯梦龙编著，严敦易校注.《警世通言》. 北京：人民文学出版社，1956.

酒与茶，中国古代最盛行的两种饮品。

“热肠如沸，茶不胜酒；幽韵如云，酒不胜茶。酒类侠，茶类隐，酒固道广，茶亦德素。”陈继儒在《茶董小序》中的论述不仅揭示了茶与酒在形式与内涵上的独特差异，更隐喻了它们在中国文化中的不同角色与意义。

在历史的长河中，茶与酒早已超越了解渴生津的基本需求，它们深刻地塑造了中国人的生活方式、审美情趣和社交礼仪。

本次展览以传说、技艺、宴饮和礼俗四个单元为脉络，将茶酒文化的瑰丽画卷徐徐展开，引领观众走进古代中国的茶酒生活。

第一章 传说

茶和酒的起源都伴随着丰富的传说和故事。

这些起源传说故事不仅揭示了它们的起源和发展历程，也反映了古代社会的生活习俗和文化特点。这些故事不仅具有历史价值和文化意义，也让现代人对茶和酒有更深层次的了解和认识。

神农尝百草

神农尝百草是一则关于神农氏为寻找治病救人的草药，本人先尝试以辨明无害再用之于民的故事。神农即为炎帝，据说“牛首人身”，这可能是那时已经掌握了农耕技术的先民们，对于作为“农业之神”的神农形象的构想。

作为农业之神的神农也是中国医药的发明者。他在发现五谷的同时，也发现了各种能治疗人类疾病的草药。传说神农为了掌握草药的特性，亲自实践，遍尝百草，发现了茶叶这种植物具有解毒的功能。

《三才图会》中的炎帝像

仪狄造酒

相传夏禹时期的仪狄发明了酿酒。《吕氏春秋》云：“仪狄作酒。”汉代刘向编订《战国策》则进一步说明：“昔者，帝女令仪狄作酒而美，进之禹。禹饮而甘之，遂疏仪狄，绝旨酒。曰：‘后世必有饮酒而亡国者。’”三国时谯周著《古史考》中也说“古有醴酪，禹时仪狄作酒”，将仪狄奉为酒的发明人。

杜康造酒

传说杜康放羊，将装着秫米饭的竹筒忘在一棵树中，过几日发现时，秫米饭变得气味芬芳。这一意外发现使杜康认识到稻米饭发酵的作用，开始酿酒，杜康也成了传说中的“酒神”。“慨当以慷，忧思难忘；何以解忧，唯有杜康。”曹操《短歌行》里即用“杜康”指代酒。

杜康是何时何人无法考证，各类记载也是众说纷纭。《世本》中有“仪狄始作酒醪，变五味；少康作秫酒”的记载。东汉《说文解字》中解释“酒”字的条目中有“杜康作秫酒”；“帚”条文中说：“古者少康初作箕帚、秫酒。少康，杜康也。”明确提到杜康是“秫酒”的初作者。

猿猴造酒

在中国古代一些文人的笔记中可见关于猿猴造酒的传说。

明李日华《篷栊夜话》载，黄山地区生活着大量的猿猱，每当春夏之际，这些猿猱采集山间野果，放入山洞石洼之中，经过一段时间，这些野果便酝酿成醇香四溢的酒液。徐珂《清稗类钞》也有关于猿猴酿酒的记载，称在广东、广西的山林中，大量的猿猴采集花果储藏在山洞中，自然成酒。樵夫入山偶然发现，饮后舒畅，称之为“猿酒”，被传为奇事。清人李调元的《粤东笔记》也记载琼州（今海南）的猿猴经常将花果杂以稻米放置在石岩深处，以待成酒。

现在酿酒专家关于猿猴造酒说有相关科学解释：古代山林植被茂密，树林间野果累累。猿猴以采食果实为生，它们随手将食用后的果皮和吃剩的果实扔在岩石凹缝中。果皮腐烂时，附在其上的野生酵母菌使果实的糖分自然发酵，变成果浆，从而形成了天然的果酒。

东汉“酿酒”画像砖　1979 年出土于四川新都新龙乡　四川博物院藏

第二章　技艺

制茶技艺与制酒技艺是人类文明中的两项古老而精湛的手工艺术，它们不仅体现了人类对自然资源的深刻理解和利用，也映射出不同文化背景下人们对生活品质的追求和审美情趣。

无论是制茶还是制酒，都需要人与技艺的完美结合。这些技艺不仅仅是技术和方法的积累，更是对人类智慧和创造力的传承和发扬。在这个过程中，人成了技艺的载体和传承者，他们将技艺融入生活的每一个细节中，使得制茶和制酒成为一种生活的艺术，一种文化的象征。

酒的制作

传说中有关酒的起源很多。现代生物学和化学认为，酒的酿造原理并不复杂，本质上是含淀粉或糖类物质经微生物发酵的过程，也就是含淀粉或糖类物质如粮食、水果等在条件合适时，经自然发酵、产生酒味的现象。从历史来看，酿酒技术的成熟，历经数千年的漫长发展，大致经过了从自然发酵的果酒、酿造的粮食酒和蒸馏酒的技术阶段。航海大发现时期，各个大陆之间进行了密切的交流，人类的劳动智慧共同促进了酿酒原料取材范围的扩大和制酒工艺的提高。

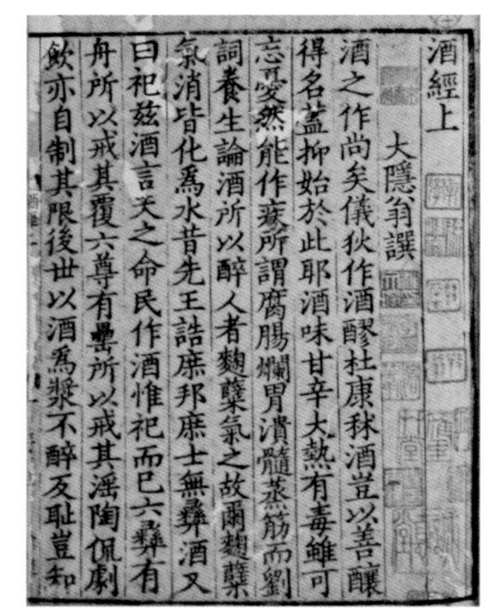
酒經上
大隱翁譔
酒之作尚矣儀狄作酒醪杜康秫酒豈以善釀
得名蓋抑始於此耶酒味甘辛大熱有毒雖可
忘憂然能作疾所謂腐腸爛胃潰髓蒸筋而劉
詞養生論酒所以醉人者麴蘗氣之故爾麴蘗
氣消皆化為水昔先王誥庶邦庶士無彝酒又
曰祀茲酒言天之命民作酒惟祀而已六彝有
舟所以戒其覆六尊有罍所以戒其淫陶侃劇
飲亦自制其限後世以酒為漿不醉反恥豈知

宋 朱肱《北山酒经》 中国国家图书馆藏

酒的分类

酒精性饮料按生产工艺、不同原料和产品特性等进行分类。按生产工艺特征分类为发酵酒、蒸馏酒和配制酒。发酵酒是以粮谷、水果、乳类为主要原料，经发酵或部分发酵而成的饮料酒，如黄酒、啤酒、葡萄酒；蒸馏酒是以粮谷、薯类、水果、乳类等为主要原料，经发酵、蒸馏、勾兑而成的饮料酒；配制酒，又叫露酒，是以发酵酒、蒸馏酒或食用酒精为酒基加入可食用或药食两用的辅料或者食品添加剂，进行调配、混合或再加工制成的已改变了原酒基风格的饮料酒。按酿酒用的原料分类可分为粮食酒（谷物酒）、果酒、代粮酒。按酒精含量可分为高度酒、中度酒、低度酒等。

茶的制作和分类

茶叶的不同分类源自制作工艺的不同。与酒的原料的多样性不同，茶的原料只是茶树鲜叶，但茶树品种多样化。

从茶树新梢上采下的芽叶，通过不同的加工方法，可制成不同品质特点的六大茶类：绿茶、红茶、青茶（乌龙茶）、黄茶、白茶、黑茶。

茶树品种标本：乌牛早

(C. sinensis cv. Wuniuzao)

高 28.5 厘米

中国茶叶博物馆藏

乌牛早，无性系品种。原产浙江省永嘉县乌牛岭下，系当地群众单株选育而成。主要分布在该县乌牛、黄田两区，杭州、台州等地区有少量引种。

乌牛早属灌木型，中叶类，特早生种。植株较矮，树姿半开展，分枝尚密。叶呈椭圆形，叶色绿，富光泽，茸毛中等，叶面微隆起，芽叶较肥壮。育芽力较强，开花结实较少，抗寒性强。乌牛早最大的特点是发芽早，因此春茶在每年 2 月中下旬开采上市。适制绿茶，品质良好。

茶树品种标本：龙井 43

（C. sinensis cv. Longjing 43）

高 25.0 厘米

中国茶叶博物馆藏

龙井 43 是中国农科院茶叶研究所从龙井群体种中单株选育而成的灌木型，中叶类，无性系良种。1987 年通过国家级品种审定。

该品种植株中等，树姿半开张，分枝密。叶片呈椭圆形，叶色深绿，叶面平，叶尖渐尖，叶齿密浅。龙井 43 发芽早，春芽萌发期一般在 3 月中下旬，发芽密度大，育芽力强，但持嫩性较差。适制绿茶，品质优良，尤其适制扁形绿茶，如龙井等，宜在江南和江北绿茶产区推广。

茶树品种标本：祁门 2 号

（C. sinensis cv. Keemen 2）

高 32.0 厘米

中国茶叶博物馆藏

祁门种又名祁门槠叶种，是茶树有性群体品种之一，原产于安徽省祁门县，主要分布在安徽省休宁、贵池、太平等县，1985 年被全国农作物品种审定委员会认定为国家品种。

祁门种在自然状态下存在的有性群体，具有丰富的遗传多样性，祁门 2 号是祁门群体种中选育出来的单株。运用单株选择和分离的方法，还选出了祁门 1 号、祁门 3 号、祁门 7 号三个品系，后又正式命名为安徽 1 号、安徽 3 号、安徽 7 号，并被认定为国家级茶树良种。

祁门种属灌木型，中叶类，中生种。植株树姿半开张，分枝较密，叶片略上斜着生。叶椭圆或长椭圆形，叶面微隆起，叶齿细浅，叶尖渐尖，叶色绿，有光泽，茸毛中等，叶质较厚软。芽叶持嫩性强，抗寒性强，适应性强，产量较高，适制红茶、绿茶，品质优异。

中国茶叶博物馆茶树品种标本			
品种名称	政和大白茶	编　号	0093
原产地	政和县铁山乡		
树　形	小乔木型	采集日期	2006/6/16
采集地点	浙江余杭洋板桥		
采集人	刘祖生、赵东、罗晓莹、王宏、周文劲		
备　注			

茶树品种标本：政和大白茶

（C. sinensis cv. Zhenghe-dabaicha）

高 23.0 厘米

中国茶叶博物馆藏

政和大白茶为无性系品种，小乔木型，大叶类，晚生种。原产福建省政和县铁山镇，主要分布于福建北部、东部茶区，如政和、松溪、建阳、武夷山地区，已有百年栽培史。20 世纪 60 年代后，浙江、安徽、江西、湖南、广东、四川等省有引种。1985 年被全国农作物品种审定委员会认定为国家品种。

政和大白茶树形高大，树姿直立，主干明显，分枝稀少。叶片呈水平状着生，椭圆形叶，叶色深绿，富光泽，叶面隆起，叶尖渐尖，叶齿较锐深密，叶质厚脆，茸毛多。芽叶生育力较强，密度较稀，持嫩性强，适合制作白茶、红茶、绿茶，品质优异。用政和大白茶制作的白茶，外形肥壮，密披白毫，色香清鲜，滋味甘醇，是制作白毫银针、白牡丹的优质原料。

茶树品种标本：福鼎大白茶

（C. sinensis cv. Fuding-dabaicha）

高 28.5 厘米

中国茶叶博物馆藏

福鼎大白茶又名白毛茶，简称福大。原产福建省福鼎县柏柳村，已有 100 多年栽培历史。无性系，小乔木型，中叶类，早生种。1985 年全国农作物品种审定委员会认定为国家品种。

植株较高大，树姿半开张，主干较明显，分枝较密。叶呈椭圆形，叶色绿，叶面隆起，有光泽，叶尖钝尖，叶质较厚软。芽叶黄绿色，茸毛特多。福鼎大白茶适制绿茶、红茶、白茶，是制作白毫银针、白牡丹的优质原料。

茶树品种标本：红芽佛手

（C. sinensis cv. Hongya-foshou）

高 26.4 厘米

中国茶叶博物馆藏

红芽佛手原产福建省安溪县虎邱镇金榜村骑虎岩，已有100多年栽培史。主要分布在福建南部、北部乌龙茶茶区。1985 年福建省农作物品种审定委员会认定为省级品种。

无性系品种，灌木型，大叶类，中生种。植株适中，树姿开张，分枝稀，叶卵圆形，叶质厚软。芽叶绿带紫红色，茸毛较少，肥壮。适制乌龙茶、红茶，品质优。

中国茶叶博物馆茶树品种标本			
品种名称	铁观音	编号	0154
原产地	安溪松尧乡魏饮村		
树形	灌木型	采集日期	2006/6/16
采集地点	浙江余杭泮板桥		
采集人	刘祖生、赵东、罗晓棠、王宏、周文劲		
备注			

茶树品种标本：铁观音

（C. sinensis cv. Tie-guanyin）

高 21.5 厘米

中国茶叶博物馆藏

铁观音既是茶树品种名，亦是茶名，属灌木型，中叶类，晚生种。原产于福建省安溪县西坪镇。1985 年被全国农作物品种审定委员会认定为国家品种。铁观音植株中等，树姿开张，叶椭圆形，叶色深绿，叶质厚脆，叶面隆起，富有光泽。芽叶茸毛较少，持嫩性较强，适制乌龙茶，品质优异。

茶树品种标本：福建水仙

（C. sinensis cv. Fujian-shuixian）

高 23.0 厘米

中国茶叶博物馆藏

福建水仙，属茶树无性系品种，小乔木型，大叶类，晚生种。原产于福建省建阳市小湖乡大湖村，已有百余年栽培史，主要分布于闽北、闽南茶区。20 世纪 60 年代后，福建省各地和浙江、广东、台湾、江西、安徽等省有引种。1985 年被全国农作物品种审定委员会认定为国家良种。

水仙植株高大，树姿半开张，主干明显，分枝较稀。叶色深绿，叶形椭圆，叶面平，叶尖渐尖，叶质厚而脆。芽叶肥壮，茸毛较多，持嫩性较强。适制乌龙茶，干茶条索肥壮，似兰花香，味醇甘爽，品质优，也可加工成红茶、绿茶、白茶。

茶树品种标本：肉桂

（C. sinensis cv. Rougui）

高 27.8 厘米

中国茶叶博物馆藏

肉桂，属茶树无性系品种，灌木型，中叶类，晚生种。原产于福建省武夷山市，大面积种植于福建北部、中部、南部乌龙茶茶区。1985 年认定为省级良种。武夷肉桂既是茶树名又是茶名，是武夷岩茶的代表品种，据《崇安县新志》载，清代就有武夷肉桂。

肉桂植株较高大，树姿直立半开张，叶片长椭圆形，叶色深绿，叶面平，叶质较厚软。芽叶生育力强，呈紫绿色，茸毛少，抗旱性、抗寒性强。

肉桂茶树适制乌龙茶，制成的干茶外形条索紧结卷曲，褐绿油润，香味浓郁高锐似桂皮香，“岩韵”突出，茶汤细腻，入口微辛，富有层次感，是一款高香品种。

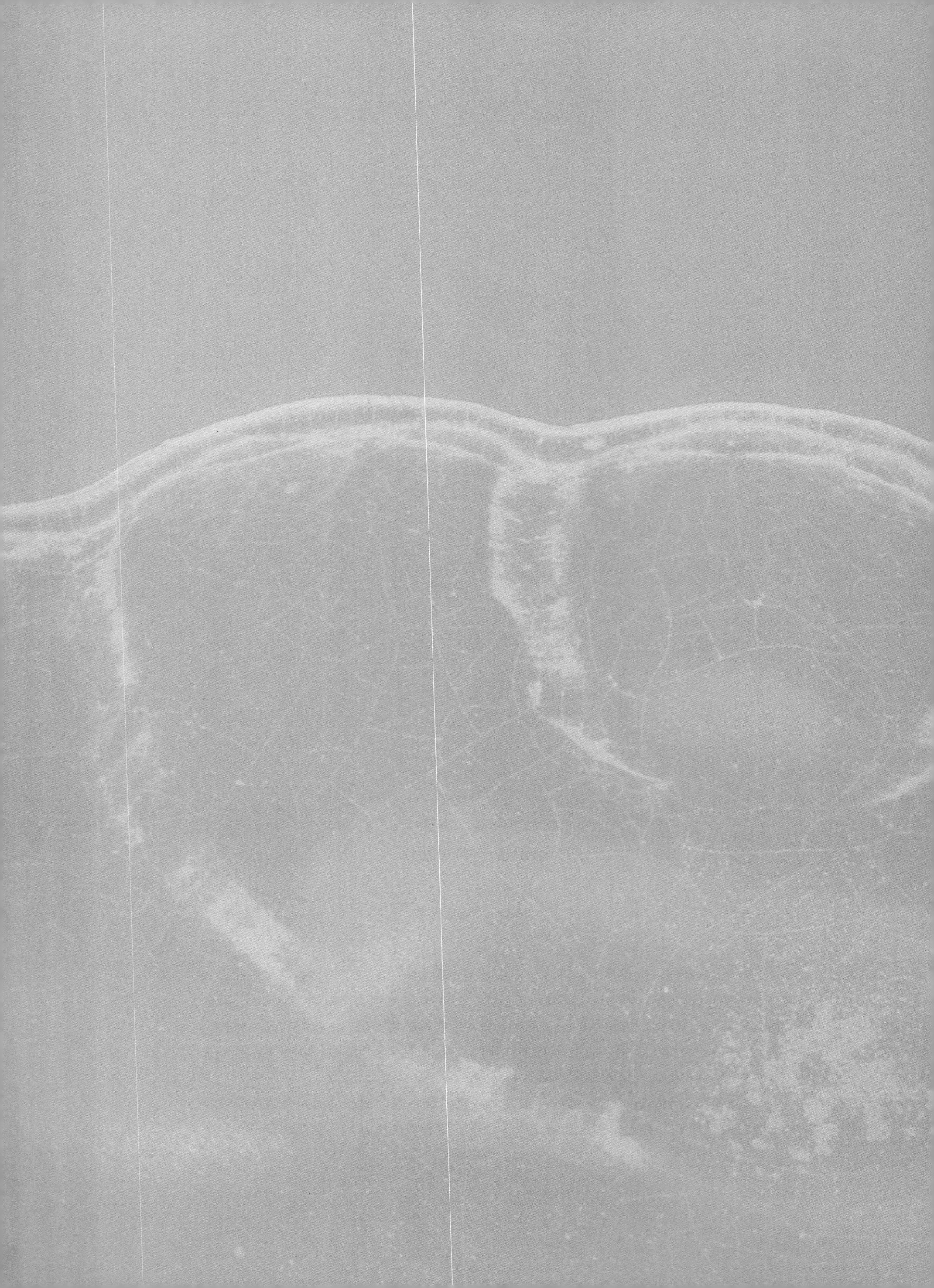

第三章　宴饮

自古以来，酒在人们的宴饮集会活动中就扮演着重要的角色。《诗经》中已经有多篇述及宴饮时候饮酒的场景，无论是祭祀活动后的宴酣之乐，还是世俗生活中的宴饮集会，酒都是重要的助兴之物。

魏晋六朝的宴饮集会别开生面，饮酒更是席间挥毫的催化剂，“傲雅觞豆之前，雍容衽席之上，洒笔以成酣歌，和墨以藉谈笑”。竹林七贤的酣畅疏放，兰亭雅集的曲水流觞，抑或是西园雅集的高蹈清逸，都成为后世文人争相效仿的典范。

中唐以后，饮茶之风兴起，宴饮集会中增加了茶的身影。与酒的热烈奔放不同，茶给宴饮带来了温和沉静之风。《三月三日茶宴序》：“三月三日，上巳禊饮之日也。诸子议以茶酌而代焉。”并且逐渐出现了以茶代酒的风俗习惯。

中国历代宴饮文化的演变，如同一幅波澜壮阔的历史画卷，从商周的祭祀礼仪到汉唐的文人雅集，再到宋明的宴会繁华，茶酒不仅是一种物质享受，更是精神交流与文化传承的媒介。

曲水流觞 竹林七贤

《晋书·束皙传》载："昔周公城洛邑，因流水以泛酒。故逸诗云：羽觞随波。"可确知西晋以前流水泛酒便是社会上流行的风俗了。曲水流觞亦称流觞曲水、流杯曲水、流杯等，是古代文人间流行的酒令游戏。周代，曲水流觞的游戏就已经出现。每年农历三月初三这天，人们通过洗浴消灾祛病、祈福求祉、祓除不祥，称为"祓禊"或"修禊"，因在河边进行，演变出临水宴饮的风俗。

永和九年（353）上巳，王羲之与谢安、孙绰等王谢大族为中心的江南名士四十一人会于会稽山阴之兰亭，曲水流觞，修祓禊事，是为著名的兰亭雅集。

明 文徵明《兰亭修禊图卷》故宫博物院藏

陈留阮籍、谯国嵇康、河内山涛，三人年皆相比，康年少亚之。预此契者：沛国刘伶、陈留阮咸、河内向秀、琅琊王戎。七人常集于竹林之下，肆意酣畅，故世谓"竹林七贤"。

——《世说新语·任诞》

魏晋之际社会政治黑暗，文人常常采用比兴、象征、玄言清谈等手法，隐晦曲折地表达自己的思想感情。竹林七贤是当时极具特色的文人群体，他们集会的活动便是聚在一起随意酣饮、清谈，甚至只有痛饮。刘伶曾自我表白："天生刘伶，以酒为名；一饮一斛，五斗解酲。"他常乘鹿车，携一壶酒，使人荷锸而随之，一路喝酒不停，谓"死便埋我"。竹林七贤是以酒逃避现实，宣泄情感。

唐 孙位《高逸图卷》上海博物馆藏

汉 画像砖拓片——宴饮

长 65.0 厘米 宽 48.0 厘米
中国茶叶博物馆藏

拓片为长方形，中有七位峨冠博带的贵族，皆环绕几案席地而坐，其间放置案及钵、勺、杯等器皿，他们有的捧盘举杯，有的相互敬酒，反映了当时多姿多彩的宴饮情形。

汉 画像砖拓片——宴饮舞乐

长 65.0 厘米 宽 48.0 厘米
中国茶叶博物馆藏

画像中有六人，围绕樽、杯、案等宴饮器皿，或坐或立。上方四人席地相向，右侧男子头戴高冠，身着长服，为观舞者。左侧三人广袖长服，中间男子双手鼓瑟，或为“乐正”，剩下几位或为歌者，或为舞者。画面构图合理，栩栩如生，舞者翩沓、乐者鼓瑟、歌者引吭，其乐融融。

东汉 青瓷把杯

口径 8.1 厘米 底径 7.1 厘米 高 6.3 厘米
中国茶叶博物馆藏

直口，简身，平底，一侧有环形杯把，适合拿捏。胎体较厚，釉青中泛黄，内外施釉，外壁施釉不及底。口沿及腹中部均有两道弦纹，腹部刻划水波纹。

西晋 青瓷耳杯

口径 8.5 厘米 底径 4.6 厘米 高 2.5 厘米
中国茶叶博物馆藏

整器呈椭圆形，口沿中部对称外折成扁平鋬，平底足，露青灰胎。器身内外满釉，釉层匀薄，色泽青中闪灰。整体手工制作，捏削刮抹技法自然娴熟。

东晋 德清窑黑釉鸡首壶

口径 7.0 厘米 底径 9.5 厘米 高 16.5 厘米
中国茶叶博物馆藏

盘口，直颈，圆肩，鼓腹，平底。口沿和肩部连接有一曲把，把对侧的肩部置有鸡首状流，肩部两侧置桥型钮。壶通体施黑釉，有流釉现象，釉不及底。釉面呈哑黑色，并有冰裂纹。

鸡首壶，又称为“罂”。1972 年江苏南京化纤厂东晋墓中曾出土一件鸡首壶，刻有铭文“罂主姓黄名齐之”。晋刘伶《酒德颂》中写到“先生于是方捧罂承槽”，描述捧罂在酒槽下接酒的情形。可见，魏晋时期的鸡首壶为酒器。

东晋 越窑青瓷点彩鸡首壶

口径 7.8 厘米 底径 12.5 厘米 高 20.0 厘米
中国茶叶博物馆藏

壶盘口，弧颈，圆肩，圆腹，平底。肩部刻有一道弦纹，两侧各置一系，一端置有鸡头形壶流，对侧置一圆弧把连接肩部与口沿。通体施青釉，盘口、肩部、壶把和鸡头等处涂点褐色斑纹。

东晋 越窑青釉点彩魁

口径 13.9 厘米 底径 8.9 厘米 高 5.7 厘米
中国茶叶博物馆藏

敞口，圈足，深腹，一侧安有素面手柄。魁是一种较常用的饮食器具，汉代多见陶魁，也有铜魁使用，在民间则用榆木做魁，当时为盛食器，所盛之食有肉羹及酱。东晋时期，逐渐转化为酒器，此类器物到元代时还在广泛使用。

曲江宴饮

唐代以后各类集会涌现，一方面是节假日增多，因岁时变化、节日民俗，各种集会变得密集；另一方面是日常随兴的消闲娱乐之会亦频频举行。

唐代开科取士，殿试新科进士后，皇帝要赐宴，称曲江宴。李肇《唐国史补》云："既捷，列书其姓名于慈恩寺塔，谓之题名会。大宴于曲江亭子，谓之曲江会。籍而入选，谓之春闱。不捷而醉饱，谓之打毷氉。"王应麟《玉海》卷七三载："唐时礼部放榜后，醵饮于曲江，号曰闻喜宴。"

曲江宴饮中的酒是人们欢乐纵怀的催化剂，曲江宴饮是中榜者的狂欢盛宴，也是文人谋取声望的重要平台，普通百姓也积极参与，使得曲江宴饮在唐代最终成为全社会的狂欢盛宴。史载："曲江之宴，行市罗列，长安几于半空。"

唐 佚名 《宫乐图》 台北"故宫博物院"藏

五代 顾闳中 《韩熙载夜宴图》（局部） 故宫博物院藏

唐 长沙窑海棠杯

口径 12.5 厘米 底径 5.3 厘米 高 5.3 厘米
中国茶叶博物馆藏

敞口，弧腹，喇叭形圈足。内外施青黄釉，内部加酱彩，釉面有开片。碗内壁白线裂纹，外壁红线裂纹。

海棠杯器型深受外来风格影响，多为金属材质，唐代陶瓷器对其多有模仿。

唐 越窑青瓷花口碗

口径 11.9 厘米 底径 8.1 厘米 高 5.4 厘米
中国茶叶博物馆藏

深腹，圈足外撇。灰胎，器身施青釉，釉层薄，釉面青中泛黄。

唐 越窑青瓷四系大盆

口径 35.5 厘米 底径 13.0 厘米 高 12.7 厘米
中国茶叶博物馆藏

撇口，弧腹，圈足，两边对称饰双系。通体施青釉，釉色青中泛黄，釉层均匀，胎质坚硬，修足规整，具有晚唐越窑典型的工艺特征。

唐 三彩把杯

口径 5.0 厘米 底径 3.0 厘米 高 6.2 厘米
中国茶叶博物馆藏

式样仿金银器，形制精巧，成型周正。敞口外撇，圆鼓腹，平底。杯身一侧塑环状柄，俏皮灵动，修坯极精，把与杯体的粘合处贴花装饰。内外壁施黄、白、绿三色彩釉，交融流淌，明快透彻，光亮滋润，为同类器中佼佼者。足部涩胎，胎体细白，可见规整的螺旋纹，乃轮制法成器。

唐 鸟首铜勺

长 15.0 厘米
中国茶叶博物馆藏

半球形勺面，柄身扁平状且上翘，柄身錾刻了三个一组的圆圈作为纹饰，平均分布成三组，柄的一端以简单的线条制成雁首状。整器线条流畅，该勺是揾取的工具。

唐 三彩杯盘

直径 25.4 厘米 高 5.1 厘米
中国茶叶博物馆藏

杯盘由承盘和七个小杯组成，俗称“七星盘”。承盘为敞口，平底，盘内置小杯环绕中心。盘外壁及杯身施黄、白、绿等色釉，釉色鲜艳亮丽，盘内无釉。

此套杯盘应为饮具，是用来随葬的明器，是唐代现实生活细节的再现。这种样式的饮具在唐代颇为流行，承盘上的小杯五至七个数目不等。

唐 铜执壶

口径 7.6 厘米 底径 8.8 厘米 高 18.2 厘米
中国茶叶博物馆藏

直口，斜颈，弧肩，圆弧腹，浅圈足。肩部有一圈凹棱，口沿一侧凸出成流，对侧置有弯把；口上有盖，盖上有一铁环钮。

唐 越窑青瓷执壶

口径 3.9 厘米 底径 4.4 厘米 高 7.8 厘米
中国茶叶博物馆藏

壶撇口，短颈，溜肩，圆腹，圈足。颈部一侧有八方形短流，另一侧为曲柄。壶内外施釉，釉色青中闪黄，晶莹透澈，釉面开有细小的纹片。

唐 长沙窑白釉“赵注子”款横把壶

口径 5.0 厘米 底径 8.8 厘米 高 27.0 厘米
中国茶叶博物馆藏

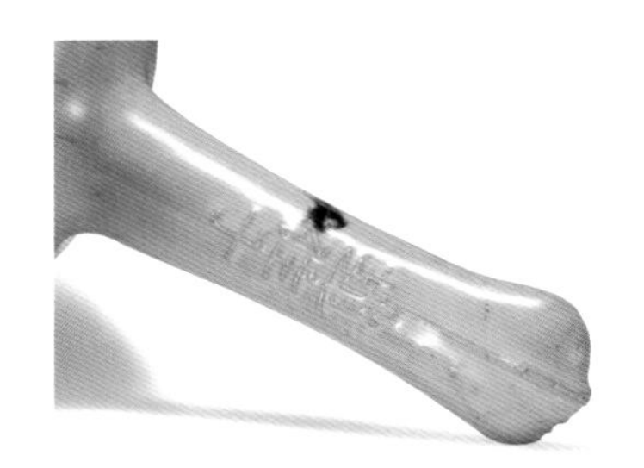

直颈，圆肩，弧腹修长，足外撇，内凹口上有盖，盖中部隆起，顶置宝珠钮。壶肩一侧有细长弯流，与之呈直角的一侧置有一斜把，把上有凸起的“赵注子”三字。壶外壁通体施白釉。

唐 巩县窑白釉执壶

口径 8.9 厘米 底径 7.5 厘米 高 17.2 厘米
中国茶叶博物馆藏

唇口外翻，弧颈内收，圆肩，弧腹，平底。颈与肩连接有一扁把，中间内凹，对侧肩部有一圆柱状短直流。器物内外施白釉，釉色发黄。

唐 褐釉壶

口径 6.5 厘米 底径 6.5 厘米 高 11.2 厘米
中国茶叶博物馆藏

壶敛口，短颈，溜肩，圆腹，圈足。颈与肩连接一把，对侧肩部有一圆柱状短直流。器物内外施褐釉。

唐 绿釉陶杯 一对

口径 9.1 厘米 底径 3.5 厘米 高 6.7 厘米
中国茶叶博物馆藏

胎灰白，较薄，施低温绿釉，釉不到底，深腹，饼形足，器内有三个支钉痕迹，口沿及圈足略残，为唐早期典型器。

禅茶一味

中唐以后，饮茶之风兴起，逐渐出现茶宴、茶会这类集会活动。茶在唐代兴起与佛教密切相关，唐人封演《封氏闻见记》载："开元中，泰山灵岩寺有降魔师，大兴禅教。学禅务于不寐，又不夕食，皆许其饮茶，人自怀挟，到处煮饮。从此转相仿效，遂成风俗。"因此唐代各类茶宴和茶会活动常有僧侣参与其中，茶宴活动主要内容为饮茶、清谈或者赋诗，清谈的内容也往往是禅理，使得茶宴形成了清幽寂静的风格。

与赵莒茶宴

唐 钱起

竹下忘言对紫茶，全胜羽客醉流霞。
尘心洗尽兴难尽，一树蝉声片影斜。

东亭茶宴

唐 鲍君徽

闲朝向晓出帘栊，茗宴东亭四望通。
远眺城池山色里，俯聆弦管水声中。
幽篁引沼新抽翠，芳槿低檐欲吐红。
坐久此中无限兴，更怜团扇起清风。

唐 阎立本《萧翼赚兰亭图》 辽宁省博物馆藏

唐刻“茶碾”铭瓷碾轮（残）

直径 11.8 厘米
中国茶叶博物馆藏

碾轮如圆饼状，残缺 1/4，上刻“茶碾”二字，中有孔，原应有一根中心轴贯穿其中，方便双手持之以碾茶。

唐 花蕾钮铜匙

长 26.0 厘米
中国茶叶博物馆藏

匙面为叶形，微凹，前后端狭长，匙柄微曲，尾端延伸成一小环，环顶端为莲花的花苞状。整体呈黑色，光可鉴人，线条优美，尾端的花苞精致可爱。

唐 鹊尾形铜匙

长 26.5 厘米
中国茶叶博物馆藏

匙面为细长的柳叶形，微凹，面与柄交界处采用錾刻工艺刻出联珠云纹。錾刻工艺是指利用金、银、铜等金属材料的延展性在器物成型之后进一步的加工技术，主要用于器物的纹饰制作。匙面上的联珠云纹采用一刀一起的点刻法，纹样较为简洁随意。

其柄部与面连接处呈四方柱形，到了柄尾端捶打成略薄鹊尾状。匙柄部同样以錾刻工艺装饰有下凹几何纹样。

该匙整体为黑褐色，造型优美、线条流畅，给人稳重大气之感，后世的辽金匙在设计上受此类器型影响较大。

唐 铜箸

长 26.0 厘米
中国茶叶博物馆藏

整体圆柱形，一端较细，一端削成扁平状，器身素面无装饰。

唐 长沙窑釉下褐彩花鸟纹执壶

口径 10.0 厘米 底径 10.7 厘米 高 19.0 厘米
中国茶叶博物馆藏

撇口，阔颈，瓜棱形圆腹，肩一侧置六棱形流，另一侧置曲柄。通体施青釉，腹部以釉下褐彩勾描花草和飞鸟。

由于在长沙窑遗址出土的此类执壶上书写有“陈家美春酒”“酒温香浓”等题识者，因此证明这类注子是当时的酒壶。

唐 巩县窑外茶叶末釉里白釉茶铛

口径 9.6 厘米　高 4.0 厘米
中国茶叶博物馆藏

直口，深腹，圆底，下承三外撇式足，并附叶形把柄。器型仿唐代金银器，陕西何家村窖藏出土的文物中有此类金银器。

茶铛是煎茶用具之一，在唐宋诗文中多次被提及。巩县窑位于河南巩县，是唐代重要的窑口，烧造品种丰富，除了白釉、黑釉、黄釉器外，还有著名的三彩器。此茶铛的独特之处，在于外茶叶末釉、里白釉的组合施釉法，在巩县窑同类器中也属少见。

唐 白釉茶具组

茶碾：长 18.3 厘米 宽 4.6 厘米 高 4.5 厘米
碾轮：直径 5.0 厘米
盏：口径 9.9 厘米 底径 4.0 厘米 高 3.0 厘米
托：口径 9.8 厘米 底径 3.7 厘米 高 2.0 厘米
茶炉及茶釜：口径 11.3 厘米 底径 6.0 厘米 高 8.9 厘米
中国茶叶博物馆藏

此套唐代的白釉茶具由茶碾、风炉、釜、茶盏及茶托组合而成，碾槽及碾轮无釉，余皆施白釉。碾槽座呈长方形，外有镂空，内有深槽；碾轮呈圆饼状，中穿孔，常规应有轴贯穿其中。

碾好后的茶末需放入风炉上的茶釜中煎煮，故此白釉风炉及茶釜系煮茶用器。风炉呈筒状，有圆形炉门，茶釜带双耳。

煮好的茶，用茶勺舀出放入茶盏中品饮，此盏和托便为饮具。盏敞口，斜弧腹，矮圈足。托呈卷荷形，中有凹圈下陷，以承盏。盏托最早可追溯到东晋时期，当时基本上以圆形茶盘上承碗盏；后来，盏托的形制颇多，茶托有内凹也有上凸如高台子，盏口有圆形的，也有花口等。晚唐开始，流行花口盏及托，在实用功能基础上，艺术效果不断加强。

此套白釉煮茶器出土于河南洛阳，虽系明器，却较为系统地反映了唐代煮茶的场景。

唐 越窑青釉茶瓯

口径 14.6 厘米 底径 5.8 厘米 高 3.4 厘米
中国茶叶博物馆藏

此件茶瓯为唐代越窑烧造，唇口，斜腹，玉璧底。灰胎，器内外施青釉，釉色滋润，器型规整。整体制作工艺中规中矩，一丝不苟。釉质匀薄，釉色青中闪黄，有不规则的开片，光素无纹饰，质感柔润细腻。

唐 白釉茶盏

口径 14.5 厘米 底径 5.8 厘米 高 4.4 厘米
中国茶叶博物馆藏

唇口，斜直腹，玉璧底。通体除玉璧底足外施白釉，釉质细腻温润，釉色微泛黄。

唐 巩县窑绿釉茶釜

口径 8.3 厘米　高 7.4 厘米
中国茶叶博物馆藏（陈钢捐赠）

敛口，厚壁，鼓腹，圜底；肩部立有双耳，因观之如匍匐之兔子，当地人俗称为兔耳罐。胎质较为疏松，口沿至器腹 2/3 处施绿釉，近底处无釉。

唐 长沙窑瓷茶臼

口径 14.7 厘米 底径 5.0 厘米 高 3.7 厘米
中国茶叶博物馆藏

撇口，弧腹，造型如碗，玉璧底。口沿施酱釉，内部无釉，并以篦状工具刻划网格状，以圆点为中心向外辐射。

茶臼，一般与棒杵配合使用，把饼茶或散茶研磨成粉末状。柳宗元在《夏夜偶作》中曾提到：“日午独觉无余声，山童隔竹敲茶臼。”

酒罢茶烹

宋代经济发达，城市和工商业繁荣，民间富庶，物质生活十分丰富，无论是皇室贵族、文人雅士或者平民百姓都展开各种宴饮集会，皇室举办的宴会就有大宴、曲宴以及家宴之分。

蔡京有《太清楼特燕记》《保和殿曲燕》《延福宫曲燕》三记，分别记述徽宗与宰执亲王宴饮并游观宫苑、赏玩书画古器、分茶和联句的集会活动。宋代民间各种宴饮数量众多，其需求之大以至北宋出现了专门应承此类活计的行业，称“四司人”，其中便有“茶酒司”，专掌宾客茶汤、荡篩酒等事宜。

茶与酒在宋代的各种宴饮中呈现融合的姿态，完整的宴饮流程往往包含了饮酒和饮茶的环节。

一般来说宋代完整的宴饮包括“前筵”“后筵”以及饮酒结束后的“留连佳客”的尾声三部分。宾客就座行酒，歌妓在旁边斟酒视盏，唱曲或奏乐劝酒。劝酒过程是饮宴的主体部分，酒一行再行，每一盏酒，都要有一首曲子来送酒，随着行酒过程的开展，宾主情绪逐渐高涨，气氛渐趋热烈，主宾均会创作大量的词。“一曲新词酒一杯”，“水调数声持酒听”就是说的这种歌词送酒的情形。

西江月・席上劝彭舍人饮

宋　陈师道

楼上风生白羽，尊前笑出青春。
破红展翠恰如今，把酒如何不饮？
绣幕灯深绿暗，画帘人语黄昏。
晚云将雨不成阴，竹月风窗弄影。

宋　赵佶《文会图》 台北“故宫博物院”藏

辽墓壁画宴饮图

宋 青白釉梨形瓷壶

口径 3.5 厘米 底径 6.8 厘米 高 14.2 厘米
中国茶叶博物馆藏

“梨式壶”为壶式之一，一般造型为短颈，其下渐丰成下垂的圆腹，形状似梨，故名。

此壶敛口，斜肩，圆弧腹，圈足。腹部有数道出棱，至肩颈处形成花瓣包裹器身的花纹。附有一小平盖，腹部一侧置长弯流，对侧置耳把。全器施青白釉，大部分釉面已氧化泛黄，釉质较莹润，布满冰裂纹。

宋 青白釉狮钮瓷壶

口径 2.1 厘米 底径 8.6 厘米 高 32.2 厘米
中国茶叶博物馆藏

此壶器身施青白釉，釉面有些磨损，并出现细微的开片。小口，直颈，瓜棱腹，矮圈足。扁条状柄及长弯流，肩部贴塑变形莲瓣作为装饰，盖沿下贴饰莲瓣，与肩部莲瓣相呼应，富有强烈的立体感。

盖钮装饰小蹲狮一只，狮子作昂首状，瞪目张嘴，颈披鬣，张牙舞爪，憨态可掬。

一般认为，此壶与温碗两件一套，为宋人温酒器物。

宋 菊瓣纹银盘盏

盏：口径 9.0 厘米 底径 4.0 厘米 高 4.5 厘米
托：直径 17.0 厘米
中国茶叶博物馆藏

盏敞口，弧腹，喇叭状高圈足，盏身为菊瓣状，盏内部中心有圆形凸点仿花蕊。托敞口，斜浅腹，器身装饰双圈菊瓣纹，托中心亦有凸点仿花蕊。此套盏托用银制成，造型别致，富有异域风情。

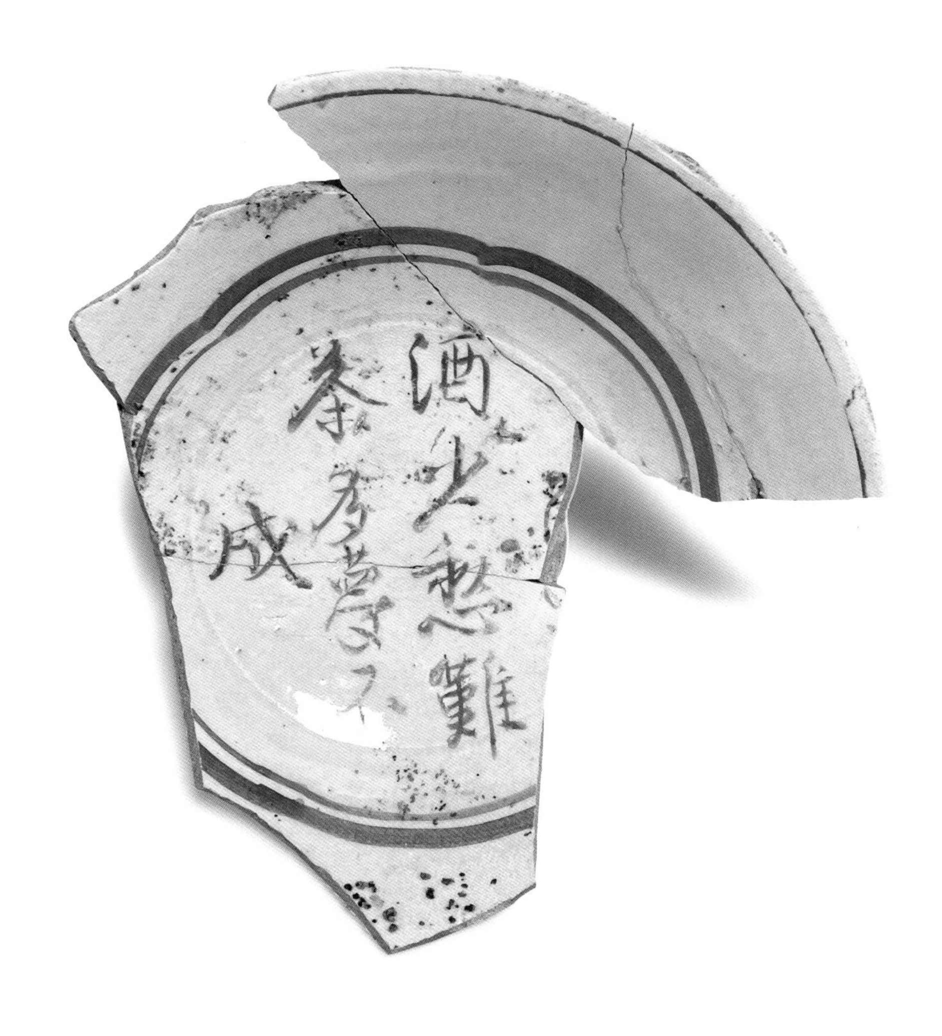

金 磁州窑系红彩碗残片

口径 14.5 厘米 底径 5.8 厘米 高 5.0 厘米
中国茶叶博物馆藏

虽是残件，但碗内底的文字弥足珍贵：“酒少愁难（解），茶多梦不成。”

宋 景德镇窑青白釉台盏

盏：口径 6.2 厘米 底径 3.1 厘米 高 5.7 厘米
托：口径 13.5 厘米 底径 6.3 厘米 高 5.0 厘米
中国茶叶博物馆藏

宋代蒋祈在《陶记》中说："江、湖、川、广器尚青白，出于镇之窑者也。"文中的"青白"就是指青白釉瓷器。

这件带托盏由托和盏两部分组合而成，白胎，盏及托均施青白釉，釉色透明，盏外壁及托折沿、凸圈均刻花纹。

盏直口，深腹，外撇足。托五瓣花口，折沿，喇叭形圈足，如盆形，中间起一圆柱形凸圈，上以承盏。

宋 景德镇窑青白釉银扣花口盏

口径 9.8 厘米 底径 3.8 厘米 高 5.5 厘米
中国茶叶博物馆藏

由瓷片拼粘而成，花口，敞口，八瓣花瓣形弧腹，圈足，足墙外撇，略上卷。内外施青白釉，釉色莹润，口沿包银扣，银扣残缺。

宋 登封窑珍珠地经瓶

口径 6.6 厘米 底径 9.3 厘米 高 39.8 厘米
镇江博物馆藏

小口短颈，丰肩体长，瘦底圈足。经瓶是宋代以后主要的贮酒器。

宋人赵令畤《侯鲭录》“酒经”条：“陶人之为器，有酒经焉。晋安人盛酒以瓦壶，其制小颈、环口、修腹，受一斗，可以盛酒。凡馈人牲，兼以酒置，书云酒一经或二经，至五经焉。”经瓶，酒经也。《正字通》曰“酒器大者为经程”，经为常规，程是度量衡，经程即为容一斗酒的标准酒器，后简称为经，即经瓶。

经瓶腹硕长，可容酒大量，小口方便密封。这类形制与后世梅瓶相类，一般认为梅瓶源自经瓶。

北宋 景德镇窑青白釉瓷注子温碗

注子：口径 3.8 厘米 底径 8.3 厘米 通高 20.6 厘米
温碗：口径 17.9 厘米 底径 10.0 厘米 高 13.0 厘米
镇江博物馆藏

注子盖钮作蘑菇形，盖壁上有二小孔。注子为小口，直颈，丰肩，瓜楞腹，腹下内收，圈足，肩设弯曲长流，双带饰柄。腹部饰仰莲纹。温碗作敞口，深腹，腹下微内收，圈足微外侈。腹部饰莲瓣纹。胎白色微泛黄，全器施釉，底部无釉，釉色泛黄。1978 年镇江市谏壁砖瓦厂北宋墓出土。

宋 青釉执壶

口径 10.3 厘米 底径 7.5 厘米 高 21.5 厘米
中国茶叶博物馆藏

敞口，弧长颈，圆肩，鼓腹，下部内收，矮圈足。颈与肩部连接有一曲把，对应一侧肩部安有弯流。

执壶，宋代人通常称之为汤瓶，是点茶必不可少的茶具之一。南宋文学评论家罗大经在《鹤林玉露》中提到："近世瀹茶，鲜以鼎镬，用瓶煮水。"这里所说的"瓶"就是指汤瓶（执壶）。

宋 越窑青釉执壶

口径 9.5 厘米 底径 7.2 厘米 高 18.0 厘米
中国茶叶博物馆藏

越窑青瓷以其胎质细腻、釉色晶莹青翠而著称于世。唐代著名诗人陆龟蒙有诗赞道："九秋风露越窑开，夺得千峰翠色来"，说的便是越窑青瓷。

此壶喇叭口，丰肩，斜弧腹，圈足底，肩部一侧装饰一长流，与其对应一侧装饰一执柄。肩两侧分别堆塑花形系，中有一圆形小孔，可系绳，便于提携行走。腹部装饰多条竖纹分成六棱，相互呼应，条理清晰。

此件器物保存完好，通体青釉，釉色青翠自然，底部支钉支烧，留有多处支钉痕。

北宋 景德镇窑银包口青白釉瓷茶盏

盏：口径 10.0 厘米 底径 3.0 厘米 高 5.0 厘米
托：口径 5.8 厘米 底径 4.1 厘米 高 6.3 厘米
镇江博物馆藏

撇口小圈足，口沿镶有银镀金包边，金已失。1974 年 7 月南郊电信局水泥制杆厂北宋墓出土。

宋 素胎瓷茶碾及轮

碾：通长 22.0 厘米 高 5.5 厘米
碾轮：直径 6.0 厘米
中国茶叶博物馆藏

该碾呈红褐色，碾身呈舟形，下有四足，碾外壁及底部分布有小孔。碾轮为玉璧形，中间圆孔可穿木棒使用。

宋 铜盏托

口径 8.3 厘米 底径 7.3 厘米 高 6.0 厘米
中国茶叶博物馆藏

口微敛，托沿呈花口形，底圈足略高，下部略撇，器身布满铜锈。宋元的盏托有两种形制，其一承盘内凹，其二承盘上凸，通常后者为多。该铜盏托承盘高出平面许多，适合承放腹部较深的茶盏。同类形制的盏托还有瓷质、漆器等材质。

南宋 景德镇窑青白釉刻莲瓣纹盖罐

口径 7.0 厘米 底径 4.5 厘米 高 8.0 厘米
中国茶叶博物馆藏

束口，圆鼓腹，饼型足，腹部印刻双层莲瓣纹。罐内外施青白釉，釉色清润，罐内有轮旋痕迹。盖呈圆饼形，微鼓；盖钮为一横置小圆柱体；盖面印莲瓣纹，施青白釉；盖内无釉，内有一凸圈与罐身相合。

北宋 景德镇窑青白釉划花斗笠盏

口径 14.5 厘米 底径 3.6 厘米 高 4.0 厘米
中国茶叶博物馆藏

敞口，斜腹，饼型足，碗内刻划花纹，线条流畅随性，除足底外，通体施青白釉，釉色莹润。整器器型规整，胎质洁白、坚硬，胎体很薄。

宋 银带托盏

盏：口径 12.6 厘米 底径 2.5 厘米 高 4.0 厘米
托：直径 12.9 厘米 高 4.8 厘米
中国茶叶博物馆藏

银质，敞口，斜壁，底内凹。盏托中心高内圈，圈足中心透空，外撇用以承托银盏，防止烫手。盏与托配套使用，通体光素无纹。

宋 建窑黑釉斗笠盏

口径 12.6 厘米 底径 3.5 厘米 高 4.5 厘米
中国茶叶博物馆藏（陈岗捐赠）

撇口，斜直腹，圈足，形如斗笠。内外壁施黑釉，施釉不到底，外壁近足处有挂釉现象。整体釉色乌黑光亮，间有铁锈色兔毫纹和斑点，与黑色的釉面相互映衬，口沿釉层较薄，呈红褐色。胎骨厚硬坚实。

宋 建窑黑釉银油滴盏

口径 12.3 厘米 底径 3.5 厘米 高 4.3 厘米
中国茶叶博物馆藏

撇口，斜直壁，圈足。内外满施黑釉，器外壁施釉不及底，露出釉色乌黑铿亮。宋代由于饮茶、斗茶风尚盛行，黑瓷的生产得到了空前发展。唐代对茶具的要求是“青则宜茶”，而宋代则是“茶白宜黑”。宋代烧制的黑釉瓷器装饰丰富多彩，有油滴、兔毫、鹧鸪斑、玳瑁、铁锈斑、剪纸贴花等。

宋 铜匙

长 17.3 厘米
中国茶叶博物馆藏

匙面呈柳叶形，匙柄扁平，尾端捶打呈扁圆形状，便于提捏。整体线条流畅，特别是匙柄和匙面成一整体，无连接的痕迹，造型优美，保存较好。

玉山雅集

顾瑛主持的玉山雅集是元代规模最大、举行时间最长、参加人数最多的雅集。玉山雅集是融多种文艺活动为一体的文人雅集活动，席间文人吟诗赋文、赏乐鉴古，常常伴以饮酒与品茗活动，雅集往往持续多日不绝。

“雅歌投壶，觞酒赋诗，殆无虚日”，“壶槊以为娱，觞咏以为乐”。玉山雅集中的觞咏饮酒，并非豪饮滥饮，而是有节制的文酒之乐，寄寓着文人的礼乐理想。至正十二年（1352）九月二十二日的宴会，顾瑛“行酒献酢，动有礼容，言相劝勉，不吴不敖，深得古人行苇伐木之情”，将平常的文酒之会提高到了礼乐理想的高度。

品茗也是玉山雅集活动的重要部分，雪水烹茶或者以泉水煮茶常常为文人所吟咏。至正九年（1349）十二月十五日，昂吉起文于听雪斋《分题诗序》云：“匡庐道士诫童子取雪水煮茶，主人具纸笔，以斋中春题分韵，赋诗者十人。”

至正十年（1350）十二月中旬顾瑛为吴国良作《题桐花道人卷》，其中云：“今日始晴，相与同坐雪巢，以铜博山焚古龙涎，酌雪水，烹藤茶。”

焚香默坐，烹雪煮茶，琴箫雅奏，不惹半点尘思，可遥想当年风雅。

元 刘贯道 《消夏图》 美国纳尔逊－阿特金斯艺术博物馆藏

元 褐釉瓷高足杯

口径 10.6 厘米 底径 5.0 厘米 高 9.5 厘米
中国茶叶博物馆藏

圆唇，折口，圆弧腹，喇叭形高圈足。杯表施褐釉，并撒有蓝釉，蓝釉呈丝状流淌，若隐若现。

元 龙泉窑青釉八方盏托

口径 13.4 厘米 底径 5.1 厘米 高 3.0 厘米
中国茶叶博物馆藏

敞口，斜腹，圈足。口沿修饰成八边形，造型端正。盏托表面施青釉，釉色清润淡雅，托心有一圆区域无釉，露出褐胎。釉表有冰裂纹。

元 霍州窑白釉印花鋬耳杯

口径 9.2 厘米 底径 3.5 厘米 通宽 11.0 厘米 高 3.5 厘米
中国茶叶博物馆藏（孙辰伊捐赠）

敞口，浅弧腹，圈足，挖足过肩，足内沿斜削，足心有乳突。口部一侧为如意头形耳鋬，上印花卉纹。胎色白，质较细；内壁施满釉，外部施釉至下腹部，釉色白中闪黄，釉层光亮；内底有四个支钉痕。

元 磁州窑“酒”字碗

口径 18.0 厘米 底径 7.7 厘米 高 7.4 厘米
中国茶叶博物馆藏

碗敞口，弧腹，圈足。碗内外壁施白釉，釉面匀净，釉色洁白细腻。碗内再以墨彩描绘一周弦纹，中间书“酒”字，书写如行云流水，白地与墨彩对比鲜明，别具一格。

元 景德镇窑青花梅月纹竹节形高足瓷杯 一对

口径 11.2 厘米 底径 4.4 厘米 高 9.5 厘米
镇江博物馆藏

景德镇民窑产品。用国产料绘青花月影梅，内心纹饰不一，纹饰精美，器形优美，为元青花典型器，惜多有伤残。杯尖圆唇，弧腹，圜底，下承以中空竹节喇叭形高足。腹部绘梅月，杯内心绘朵花纹。胎白色，全器施釉，足内无釉。杯身与足接合用胎接，即两部分湿胎接合；足内顶端往往有乳状突起。底釉青白莹澈，青花发色较暗，在浓聚处呈现下陷的枯斑。1962 年 9 月丹徒县大路公社照临大队出土。

元 吉州窑青白釉月影梅盏

口径 12.0 厘米　底径 3.8 厘米　高 5.1 厘米
中国茶叶博物馆藏

敞口，斜壁，小圈足，里外施青白釉，外壁釉色不均，圈足底部不施釉。盏内壁有吉州窑传统的“月影梅”纹饰，寥寥几笔，画风随意。

山水游宴

明中叶以后，国家对社会控制的松弛以及奢侈之风的蔓延，宴会逐渐成为人们重要的社会交往活动。正所谓无酒不成席，宴会带动了饮酒之风，甚至出现了“席费千钱而不为丰，长夜流酒而不知醉”的情形。如何良俊本不胜酒力，但却好饮，而且自号为“酒隐”；袁宏道也不善饮酒，但却谙于酒道，喜欢以酒会友。

顾玉停《无益之谈》载：“长洲顾嗣立侠君，号酒王；武进庄楷书田，号酒相；泰州缪沅湘芷，号酒将；扬州方觐觐文无须，号酒后；太仓曹议亮俦，年最少，号酒孩儿……每会则耗酒数瓮，然既醉则欢哗沸腾，杯盘狼藉。”

同时饮茶之风在明代也发生了划时代的变革。唐宋时期的团饼茶逐渐消失，取而代之的是炒青绿茶的全面兴盛，伴随而来的是瀹饮法的普及。明代社会出现了许多专注饮茶的人，他们或构建茶寮，或三五好友于山水间茶会，茶成为他们精神世界重要的物质载体。

明 丁云鹏 《漉酒图轴》
上海博物馆藏

明 邓志谟《茶酒争奇》
春语堂本插图——宴饮

与宋代宴饮中的茶酒融合不同，明代社会中由于出现鲜明的雅俗之别，一方面饮茶从一般的宴饮中脱离出来，与琴棋书画等活动结合在一起，成为所谓的“雅事”；另一方面，茶又与民间的世俗生活紧密相容，成为日常生活中人情往来的重要媒介。

明 谢环 《香山九老图》（局部） 美国克利夫兰艺术博物馆藏

晚明 锡提梁壶

口径 6.2 厘米 底径 6.2 厘米 高 18.5 厘米
中国茶叶博物馆藏

直颈，平盖，宝珠顶，二弯流，折肩，平底。提梁呈半圆状，高耸挺拔，造型优美。

锡茶壶在明代颇受欢迎，许次纾《茶疏》载："金乃水母，锡备柔刚，味不咸涩，作铫最良。""茶注以不受它气者为良，故首银，次锡。"张源《茶录》："桑苎翁煮茶用银瓢，谓过于奢侈。后用瓷器，又不能持久，卒归于银。愚意银者宜贮朱楼华屋，若山斋茅舍，惟用锡瓢，亦无损于香、色、味也。但铜铁忌之。"锡壶比瓷壶导热更快，也更耐用，价格便宜，因而广受欢迎。

明 锡提梁壶

口径 6.2 厘米 底径 5.6 厘米 高 21.2 厘米
中国茶叶博物馆藏

桶形身，壶身直口，圆唇，短颈，折肩，台阶式盖，桃形钮，平底。二弯流，肩部置高提梁。

明 青花如意纹高足杯

口径 8.7 厘米 底径 3.5 厘米 高 9.4 厘米
中国茶叶博物馆藏

尖唇，撇口，垂腹，喇叭状高圈足，造型细长挺拔。口沿内外均绘一道弦纹，外壁绘花卉与如意云纹，杯内底绘一对称花卉，圈足处也绘有几道弦纹与莲瓣纹。杯釉面偏青。

晚明 白釉瓷碗

口径 9.4 厘米 底径 3.8 厘米 高 4.8 厘米
中国茶叶博物馆藏

撇口，圈足。整器施白釉，釉色匀净素雅；用作茶盅，能鲜明地衬托出茶汤的颜色。

与宋代崇尚黑釉茶盏相反，明代更推崇景德镇白釉茶盏。屠隆《茶笺》：“宣庙时有茶盏，料精式雅，质厚难冷，莹白如玉，可试茶色，最为要用。蔡君谟取建盏，其色绀黑，似不宜用。”张源《茶录》：“盏以雪白者为上，蓝白者不损茶色，次之。”因明代不点茶，直接煎茶或者泡茶，多使用蒸青或者炒青绿茶，用雪白的茶盏更衬托青翠或者金黄的茶汤，可谓尽茶之天趣也。除颜色外，茶盏的形制亦变化较大，宋代在盏中点茶，需用茶筅在盏中击拂，因此茶盏多喜斗笠式，大敞口的形制适合点茶时的击拂，也方便饮用茶汤。而明代茶盏少见斗笠式，据廖宝秀考证，明代茶盏多称之茶盅，口径均在 10 厘米左右，此类规格用作茶碗从明代开始即见于文献记载，一直到清代成为标准尺寸。

明 青花螭龙纹碗

口径 10.1 厘米 底径 3.8 厘米 高 5.4 厘米
中国茶叶博物馆藏

直口，深腹，圈足。整体以青花装饰。外壁口沿下绘线两道，腹部绘螭龙纹，间以折枝花。器内壁口沿下亦绘线两道，器心双圈内绘螭龙。圈足双框内以青花书“玉堂佳器”四字款。

明 德化窑印梅花纹杯

口径 10.5 厘米 底径 4.0 厘米 高 5.6 厘米
中国茶叶博物馆藏

菱形花口，敛腹，矮圈足。内壁向下收敛，呈排列有序的沟槽分布。外壁杯腹一侧堆贴一枝梅花，素净淡雅。胎土洁白，胎质细密，釉汁肥厚，釉色莹润，如脂似玉，造型简洁小巧，为典型的明德化窑仿犀角杯。德化窑口的瓷土得天独厚，早在宋代已生产白瓷，但德化白瓷真正出名则始自明代。

明 红绿彩婴戏纹瓷碗

口径 11.5 厘米 底径 5.6 厘米 高 6.0 厘米
中国茶叶博物馆藏

直口，深腹，圈足。胎土灰白中略泛黄，胎体较为厚实。碗内光素无纹饰，外壁以矾红、绿釉绘动作各异的儿童数名，线条流畅舒展，色彩浓淡适宜，儿童欢欣雀跃之状宛然如生。

婴戏纹是瓷器装饰纹样之一，以儿童游戏为装饰题材，内容有钓鱼、玩鸟、蹴球、赶鸭、抽陀螺、攀树折花等，生动活泼，情趣盎然，故称婴戏纹。

此红绿彩婴戏纹瓷碗虽工艺粗疏，但它展示了瓷工自己的个性，体现了民窑返璞归真、清新自然的特点。

明 青花花草纹瓷壶

口径 5.0 厘米　底径 6.5 厘米　高 14.0 厘米
中国茶叶博物馆藏

直颈，溜肩，腹部渐收，腹部一侧置细长流，另一侧置环形把，配宝珠纽盖。壶身两面开光内绘菊花纹饰，民窑青花绘得较为草率奔放。

菊花纹是瓷器装饰纹样之一，在明代早中期较常见，明晚期出现较少。

明 青釉瓷执壶

口径 4.9 厘米 底径 7.4 厘米 高 14.3 厘米
中国茶叶博物馆藏

直口，弧肩，圆弧腹，六棱长弯流，耳形把，把上有弦纹装饰。平底凹足，上附平顶倒圆台形钮壶盖。整器施青釉，釉色青中泛黄。

明 青花“上品香茶”瓷盖罐

口径 2.7 厘米 底径 4.1 厘米 高 6.5 厘米
中国茶叶博物馆藏

直口，短颈，丰肩，敛腹，圈足。造型典雅别致。罐外壁青花绘双马，以火焰纹相隔。马背上各立一块方形招牌，一牌上书“上品”，另一牌上书“香茶”，近足处绘青花线三道。罐盖上绘梅花一朵。此类罐应是存储茶叶的实用器。

随着制茶方式的变化，茶叶的储藏器物亦相应改变。唐代通常用箬叶包裹茶饼或者以竹漆器储藏茶饼。宋代以团饼茶为主，同时也出现了少量散茶，所以宋人保留了唐代储藏方式外，也开始用瓷瓶储藏散茶。明代散茶盛行后，时人则多以瓷罐、紫砂罐或者锡罐储藏。陈师《茶考》载：“俟极干，晾冷，以新磁罐，又以新箬叶剪寸半许，杂茶叶实其中，封固。”许次纾《茶疏》：“收藏宜用瓷瓮，大容一二十斤，四围厚箬，中则贮茶……另取小罂贮所取茶，量日几何，以十日为限。”

明 如意纹紫砂茶叶罐

口径 7.9 厘米 底径 12.0 厘米 高 10.9 厘米
中国茶叶博物馆藏

直口，短颈，弧肩，鼓腹，平底。肩部贴饰一周如意纹，造型矮胖敦实。由砖红泥制成，泥料夹杂砂粒，因此珠粒隐现。明代盛行散茶，茶叶须贮藏在适宜的器具里，以防变质。一般说来，明代多用瓷质或紫砂茶叶瓶、茶叶罐藏茶。

明末清初 紫砂圆壶

口径 9.5 厘米 底径 12.8 厘米 高 16.0 厘米
中国茶叶博物馆藏

身圆，流直，把若耳，壶盖高耸，钮如半珠，造型端庄，厚重苍劲，体形硕大，底部有“花晨月夕，舍此不可”款。

明 紫砂圆壶

口径 7.5 厘米 底径 11 厘米 高 13 厘米
镇江博物馆藏

失盖。壶小口，无颈，球腹，平底内凹成圈足，肩设管状流，曲柄，外圆内扁平。口沿下刻划细弦纹。胎肝红色，壶嘴与壶把钻孔塞泥而成，器里粗糙涩手，外底有烟熏痕迹。1965 年丹徒县辛丰区山北公社前桃村古井出土。

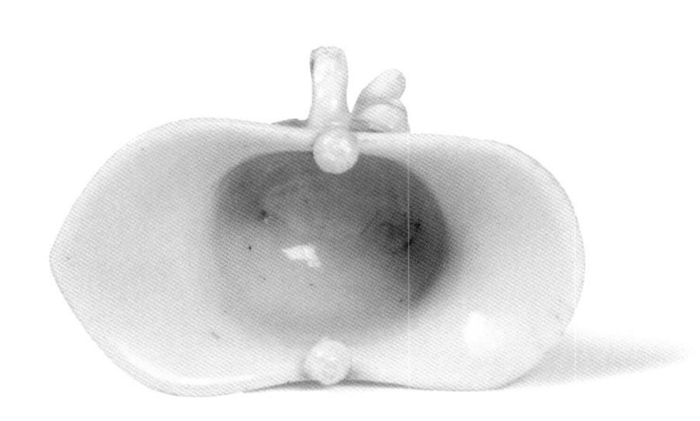

明 德化窑白瓷印花爵杯

口径 4.5 厘米 x 8.3 厘米 高 6 厘米
浙江省博物馆藏

仿青铜酒具造型。弧形流，口沿立有两短柱，腹部一侧置一把，平底，下置三兽形足。外口沿一圈云雷纹，四出脊将腹部分为四等份，每个部分开光内印暗八仙图案。釉色白中泛牙黄，足端露胎，胎白质净。

明嘉靖 景德镇窑青花五彩松鼠葡萄纹茶盏 一对

口径 9.8 厘米 底径 3.9 厘米 高 4.9 厘米
浙江省博物馆藏

内底“茶”青花双圈楷书款，外底“金箓大醮坛用”青花双圈双行楷书款。金箓是道教的专用术语，指谓天帝的诏书或道场的名称。据明文震亨《长物志·茶壶茶盏》记载：“世庙有坛盏，中有茶汤果酒，后有‘金箓大醮坛用’等字者，亦佳。”

明 龙泉窑青瓷高足杯

口径 7.0 厘米 底径 2.0 厘米 高 9.5 厘米
浙江省博物馆藏

口外撇，直腹，喇叭状高足，足端两圈凸棱，呈竹节状。除圈足外底无釉露赭红色胎，均施豆青色釉，滋润亮泽。内口沿及外壁刻划缠枝花卉纹。

高足杯是元明时期的主要饮酒器，又称靶杯、马上杯。最初为马上饮酒所制，便于手持和绑挂马侧，是游牧民族的常用器。两宋时期并未普及，元代瓷质高足杯大量出现，明代依然流行，以青花和釉里红居多，龙泉窑亦有烧造。

明 龙泉窑青瓷八方高足杯

口径 12.0 厘米 底径 4.4 厘米 高 12.8 厘米
浙江省博物馆藏

杯口呈八方形，杯把圆形外撇。口沿内侧划变形回纹一周，回纹上下各划两道弦纹，内底划八叶菊纹。外壁八面均满饰花卉纹。外底折收饰叶纹。把足上部饰凸镂一道凸棱，下饰蕉叶纹。通体施青釉，釉层肥厚滋润，造型端庄。

重华宫茶宴、千叟宴

清代宫廷宴饮在明代的基础上，更加制度化、仪式化，茶在宫廷宴饮中的地位亦有重大提升。

清初康、雍两朝已有乾清宫君臣联句活动，可以说是乾隆朝重华宫茶宴的“前身”。无论是康熙举办的“内殿筵宴”“平嘉宴”还是雍正举办的“清宁嘉宴”都是以酒宴为主，宴中或邀请群臣“仿柏梁体赋诗进览”。

乾隆八年（1743）重华宫举办茶宴，宴中所饮为“三清茶”，主要原料是松实、梅英、佛手三种。除三清茶以外，宴席之上不设酒馔，亦无珍馐，仅布置果饤为席，十分俭素。据记载，清代于重华宫举行的茶宴多达数十次，以赋诗联句和饮茶为主要内容，成为紫禁城中的新年固定习俗，亦是清代最重要的宫廷文学活动之一。

清康熙、雍正、嘉庆年间四度举办规模盛大的“千叟宴”，召集满汉耆老大臣欢饮殿廷，彰显国家昌盛，尊崇孝道，民生富足。皇帝除分赐王公大臣等茶饮之外，还有“亲赐卮酒”的礼仪。同时，命皇子、皇孙、皇曾孙为殿内王公大臣进酒，并分赐食品。皇帝亲赐御酒饮后，宣布“酒钟俱赏”。

清 姚文瀚 《弘历紫光阁赐宴图卷》（局部） 故宫博物院藏

清 丁观鹏 《太平春市图卷》（局部） 台北“故宫博物院”藏

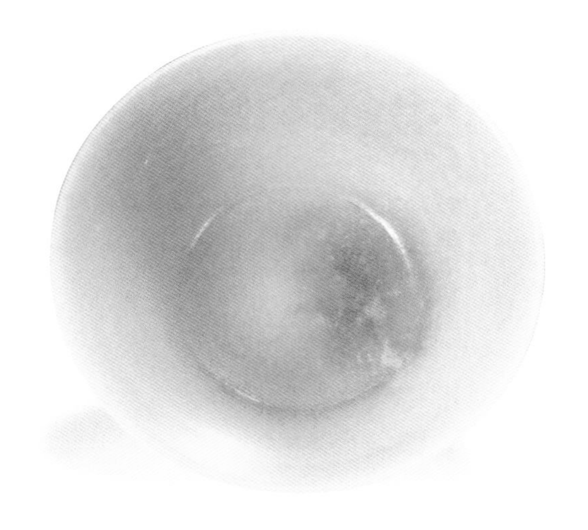

清 青玉小杯

口径 6.5 厘米 底径 2.5 厘米 高 3.3 厘米
中国茶叶博物馆藏

整杯规整精巧，杯口外撇，矮圈足，玉质细腻，晶莹温润，通体莹润白透微有沁色，打磨精细。

明清时期，玉杯式样繁多，形态各异，而此杯弃繁就简，摒弃一切繁复纹饰和装饰，通体光素无纹，更为秀丽素雅。

清 慎德堂款粉彩花卉纹瓷杯 一对

口径 8.0 厘米 底径 4.2 厘米 高 5.7 厘米
中国茶叶博物馆藏

慎德堂是道光皇帝在圆明园理政的地方，故款识为“慎德堂制”的瓷器通常是道光皇帝的御用品。

这对小杯的器形精巧玲珑，直口，深腹，圈足。以白釉为地，胎体轻莹如玉，圈足内以矾红书楷体“慎德堂制”四字款。杯外壁绘粉彩菊花，画笔细致入微，纹饰淡雅明丽，构思巧妙、神态生动、色彩丰富艳丽，显出一种高雅的情致。

清 雍正款柠檬黄釉瓷碟 四件套

口径 9.0 厘米 底径 6.4 厘米 高 2.4 厘米
中国茶叶博物馆藏

敞口，浅腹，圈足。器内外施淡黄釉，釉面娇嫩匀净，器底施透明釉。胎质坚细纯净，轻盈灵透，釉色淡雅。柠檬黄釉是清雍正朝创制的瓷器新品种，其呈色较传统的黄釉更加浅淡，釉面更为均净柔和，由于这种釉色与蛋黄、柠檬等色相似，故有“蛋黄釉”“柠檬黄”之称。此套小碟形制纤巧，淡雅秀气。

清 道光款黄地矾红龙纹瓷碗 一对

口径 11.4 厘米 底径 4.7 厘米 高 5.7 厘米
中国茶叶博物馆藏

碗为一对，敞口，弧腹，圈足。碗内施白釉，外以黄釉为地，以矾红绘五爪双龙抢珠纹。双龙姿态矫健、神采飞扬，纹饰极富动感。近圈足处饰以海水纹，周围满布云朵，祥云朵朵，龙游云间。圈足内青花篆书三行六字“大清道光年制”款识。

就整体而言，碗器型规整，胎釉俱佳，绘画线条刚劲，画面明快，龙纹生动，威仪难掩，具有典型的皇家风范。

清 铜胎掐丝珐琅双耳带托盏

盏：口径 5.5 厘米 底径 2.5 厘米 高 4.7 厘米
托：口径 13.0 厘米 底径 8.3 厘米 高 2.3 厘米
中国茶叶博物馆藏

盏唇口，斜弧腹，圈足，杯身两侧附一对把手，把手做成一团袅袅升起的云气。杯身以掐丝珐琅工艺，在口沿下部做一圈如意云纹，云纹下面是上下交叠的宝相花。

托折沿，弧壁内凹，圈足。折沿处雕刻一圈回纹，托内中心有莲座状托台，下部为一圈覆莲，中段内收；上部为张开的仰莲，以承杯盏。托内壁和外壁皆用掐丝珐琅工艺描绘宝相花纹饰，纹饰交错，枝蔓卷曲，十分美观。

此套盏托纹饰精美，用色鲜丽，铜胎表面鎏金，虽有部分磨损，但依旧金光灿烂，光彩夺目。

清康熙 孔雀蓝釉爵杯

口径 8.8 厘米　底径 3.9 厘米　高 5.7 厘米
中国茶叶博物馆藏

孔雀蓝釉，又称“法蓝”，是以铜元素为着色剂，烧制后呈现亮蓝色调的低温彩釉。孔雀蓝釉属于西亚地区的传统釉，历史悠久，很早便传入中国，五代十国时期的闽国王后刘华墓里就出土过三件孔雀蓝釉陶瓶。明清官窑也均有烧造孔雀蓝釉器，各朝的色调及釉质都有所差别。

本品造型端稳，通体施孔雀蓝釉，釉面光洁细薄，釉色鲜亮明艳，观之赏心悦目。孔雀蓝釉器属低温釉，施釉较薄，时间一长很容易剥落，故保存较难。本品历经数百年而釉面依旧完好，较为珍罕。

杯身堆塑四条蟠螭，两条幼蟠螭置于流口下，一头部上翘，一头部下探与杯的流口形成呼应，两条大蟠螭被巧妙地置于把手处，生动传神，形成整体造型的统一与视觉上的均势。

清 雍正款青花缠枝莲托梵文瓷酒盅 一对

口径 5.9 厘米 底径 2.6 厘米 高 4.6 厘米
镇江博物馆藏

清宫旧藏。敞口，深腹，浅圈足。圈足双方框内有“大清雍正年制”楷书款。

清 椰壳雕“雀舌”“煮茗”款嵌锡里小杯 一对

口径 5.9 厘米 底径 3.8 厘米 高 4.4 厘米
中国茶叶博物馆藏

这对椰壳雕嵌锡里小杯形制小巧。杯内为锡胎，外壁包椰壳，色泽典雅庄重，其一刻“雀舌”款，另一刻“煮茗”款。细致典雅，于古朴之间呈现优雅富贵之态。

清 铜胎画珐琅花卉纹桃形把杯 一对

口径 5.0 厘米 底径 3.0 厘米 高 3.3 厘米
中国茶叶博物馆藏

唇口，弧腹，圈足，器身有四道凹棱，呈四瓣花形。一侧有把，设计成枝条状，左右伸出两片叶子连接杯身。采用铜胎画珐琅工艺，杯身绘各色花卉，杯内底和圈足中心均绘有一朵花卉，设色淡雅，画工写实。杯子口沿、圈足和把手均鎏金漆，增添了器物的精致华丽之感。

清雍正 景德镇窑青花釉里红折枝花纹盏托

口径 6.5 厘米 底径 8.8 厘米 高 7.0 厘米

浙江省博物馆藏

敛口，束腰，外撇高圈足，腰腹部出盘，中空。胎白釉细，釉略闪青；釉下青花釉里红装饰。口沿、腰间、盘沿青花双弦纹，沿下饰青花云雷纹，颈部饰青花垂叶、红石榴纹一周，盘面饰青花釉里红月季、海棠及桂花纹。盘背饰六朵十字花。圈足部饰一周贯套纹。

清 黄地绿龙"寿"字高盅 一对

口径 10.2 厘米 底径 4.7 厘米 高 5.8 厘米

中国茶叶博物馆藏

敞口，深腹，圈足。器内外除圈足外底，满施黄釉，釉色黄中略带白色。外口沿饰卷草纹，外壁腹部主体纹饰为双龙赶珠纹，胫部为如意云头纹，器内心底双圈寿字纹。清皇宫内所用器物等级森严，黄地绿龙彩瓷器为贵妃、妃所用。

T165
大清光緒年製

清 青花提梁壶

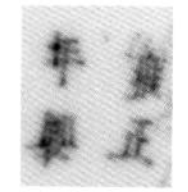

口径 3.5 厘米　底径 6.0 厘米　高 16.1 厘米
中国茶叶博物馆藏

壶腹呈圆球形，上有提梁。主体纹饰以青花描绘东坡赤壁夜游故事，朦胧月色之下，头戴帻帽的苏东坡在两侍童陪伴下，乘坐小舟，夜游亦壁；另一侧还有赤壁赋的诗文。壶底有“雍正年制”青花四字款。

清 青花茶船

口径 20.0 厘米 底径 9.5 厘米 高 3.5 厘米
中国茶叶博物馆藏

器呈舟形，器内口沿绘青花如意纹，内壁绘青花缠枝西番莲纹，内心下凹以承盏，内绘青花花卉纹；外壁近口沿处绘同样的青花如意纹，近底处绘青花莲瓣纹，青花发色淡雅。底部有“大清乾隆年制”两行六字青花篆书款。

茶船，即茶托，因形似船而名。清顾张思《士风录》卷五有：“富贵家茶杯用托子，曰茶船。”

清道光 人物纹公道杯

口径 8.1 厘米 底径 4.0 厘米 高 6.5 厘米
中国茶叶博物馆藏

微敞口，深垂腹，矮圈足，杯身绘粉彩人物纹。杯内装饰有一个瓷球，绘有一圈如意纹饰，瓷球中空，顶部开圆口，内附一尊施彩瓷塑人像。

清同治 粉彩人物纹公道杯 一对

高 9.6 厘米
中国茶叶博物馆藏

每个公道杯皆由上下两部分组成，上部为撇口、直腹杯，杯子中央瓷塑有一个老人像，杯身彩绘人物纹饰，杯底内侧有圈足，可嵌入到下部的杯子口沿中；下部为直颈、直口、鼓腹、矮圈足小杯，杯身彩绘人物纹饰。上下两杯组合起来后像是撇口、直颈、鼓腹的花瓶。

清 豆青青花釉里红瓷倒流壶

宽 9.0 厘米 高 15.0 厘米
中国茶叶博物馆藏

长弯流，弧形把，扁弧腹部，形似寿桃，喇叭足，壶底有一直流通向壶内部。壶顶绘寿桃一只，并贴塑连枝桃纹。

倒流壶，因壶底中心有一通心管又称内管壶，是始于春秋时期，流行于唐宋，完善于明清的壶式之一。从底部注水，然后翻转过来摆正，在乘坐马车等比较颠簸的场景下使用不易泼洒。

清中期 豆青青花贴塑蝶纹倒流壶

宽 19.5 厘米 底径 8.2 厘米 高 14.2 厘米
中国茶叶博物馆藏

长弯流，弧形把，丰肩，下腹渐收，壶底有一直流通向壶内部。器通体以豆青釉为地，肩部及顶部贴塑青花蝠纹及草叶纹。

清 粉彩瓷套杯

口径 4.5 厘米—10.0 厘米
中国茶叶博物馆藏

撇口，敛腹，浅足，器倒置如马蹄形，九件为一套。器物口沿都饰以金彩，器内壁均施以松石绿釉，器外壁施不同粉彩的纹饰，依次套合而成为一体。此种套杯多见于清雍正至道光时期。

第四章 礼俗

礼俗是中国古代社会生活的重要组成部分，它规范着人们的行为，维系着社会的秩序，在这一体系中，茶与酒发挥着不可或缺的作用，其角色随着时代的变迁而不断演变。

酒与茶，从最初宗教仪式的祭品，逐渐成为社交活动中沟通情感、增进友谊的纽带，以及日常生活中代表健康与养生的饮品。这一转变不仅映射出中国社会的发展脉络和文化传承的深度，也体现了人们对更高品质生活的追求，以及对传统礼俗的创新性继承与发扬。

辽墓壁画——备宴图

祭祀

祭祀是中国古代生活中的大事，“国之大事，在祀与戎”。而酒则是祭祀活动中的主要祭品。周人以酒祭天地祖先，祭四时四方。宋代朱肱《北山酒经》曰：“天之命民作酒，惟祀而已。”《周礼·天官》设有酒人一职，其云：“酒人掌为五齐三酒，祭祀则共奉之。”又曰：“凡祭祀，共酒以往。”由此看，酒人的重要职责之一，就是掌管祭祀之用酒。

《诗经》咏及酒事，也往往与祭祀相提并论，如《诗·大雅·旱麓》云：“清酒既载，骍牡既备，以享以祀，以介景福。”而在我国历史上有文字记载关于以茶祭祀的内容，可以追溯到两晋南北朝时期。据梁萧子显《南齐书》记载：南朝时齐世祖武皇帝萧赜，在遗诏里说：“我灵上，慎勿以牲为祭，唯设饼、茶饮、干饭、酒脯而已。”

以酒和茶的祭祀还表现在随葬品的使用上。河南信阳蟒张乡商墓中的铜卣中保存了目前所知我国最早的酒，汉阳陵陪葬坑中也发现了茶叶的残存。

玉泉村金墓壁画——《奉茶敬酒图》

明 鎏金铜爵

高 10.0 厘米
镇江博物馆藏

深腹，前面有流，后面有尾，口上有两柱，三尖足。丹徒闸出土。

爵出现于夏代，是夏商周青铜器中最常见和最基本的酒礼器。《礼记·礼器》曰：“宗庙之祭，贵者献以爵，贱者献以散，尊者举觯，卑者举角。”郑玄注：“凡觞，一升曰爵，二升曰觚，三升曰觯，四升曰角，五升曰散。”祭祀的时候，地位高的人用爵进献，其容量为一升。《重修宣和博古图》曰：“爵于彝器是为至微，然而礼天地、交鬼神、和宾客以及冠、昏、丧、祭、朝聘、乡射，无所不用，则其为设施也至广矣。”

清 铜觚

口径 10.1 厘米 × 8.3 厘米 高 17.0 厘米
镇江博物馆藏

六棱形体。敞口，长颈，鼓腹，二层台形圈足。

觚为饮酒器。其形制为大敞口，长筒形器体，斜坡状高圈足。《说文・角部》曰“觚，乡饮酒之爵也”，是说乡饮酒礼可以用觚代替爵。

清 贯耳铜壶

口径 5.6 厘米 × 4.2 厘米 底径 6.7 厘米× 5.2 厘米 高 17 厘米
镇江博物馆藏

清仿西周铜器，椭圆体。口微侈，方唇贯耳，椭圆腹，圈足外侈。丹阳里庄公社出土。

清 天鹅铜尊

口径 10.4 厘米 × 8.7 厘米 高 16.1 厘米
镇江博物馆藏

器形为扁形尊，平折沿，侈口，鼓腹，单耳。整个腹部饰以凤鸟形状，鸡头，鹰嘴，翅膀收起，花尾作浮雕，凤鸟身躯为尊的腹部，凤鸟作蹲立状。

尊自商代出现，为古代一种大中型青铜盛酒器。商周至战国期间有将尊铸成牛、羊、虎、象、豕、马、鸟、雁、凤等动物形象的现象，这些动物形尊统称为牺尊。

清 铜胎掐丝珐琅提梁牺尊

高 23.0 厘米
中国茶叶博物馆藏

以铜为胎，掐丝珐琅工艺制成，造型取自青铜器牺尊，兽首鸟身，系祥瑞的象征。牺尊上部有盖，盖钮为铜鎏金瑞鸟，在牺尊脖子与尾巴部分设计成环形系，穿把梁可提携。

婚礼

婚礼是中国人日常生活中极为重要的事项，自周代就形成了以“六礼”为核心的仪式流程，后世的婚礼流程便在此基础上不断变化。酒与茶是中国人的传统婚礼中不可或缺的组成部分。

合卺酒。“卺”，是一种瓠瓜。所谓合卺，就是把一只卺剖切成两半，卺中盛酒，柄部用线连系。古语有云“合卺而酳”，新郎新娘各饮一卺以酳，象征着婚姻将这两个人连为一体，后来“合卺”也代指结婚。合卺一般在新郎将新妇迎娶进家门以后举行，如《礼记·昏义》记载：“妇至，婿揖妇以入，共牢而食，合卺而酳，所以合体，同尊卑，以亲之也。”

合卺的习俗源起于先秦时期，到唐代在使用瓢当酒器外，还使用杯盏。到了宋代，新婚夫妇在喝合卺酒的时候使用的就是两个酒杯，所以也称交杯酒。夫妻二人在饮过一半后要互换酒杯，再一饮而尽，饮完后就将酒杯一正一反地放到床下，以示婚后百年好合。宋代孟元老在《东京梦华录·娶妇》中记载：“互饮一盏，谓之交杯酒。饮讫，掷盏并花冠子于床下，盏一仰一合，俗云大吉，则众喜贺，然后掩帐讫。”

茶是从宋代起正式出现在聘礼中，《梦粱录》中已有聘礼用茶饼的记载。发展至明代，许次纾《茶疏》曰：“茶不移本，植必子生，古人结婚必以茶为礼，取其不移植之意也。”古人认为茶树只能从种子萌芽成株，不可移栽，把茶当作是矢志不渝的象征。因此明清时期，以茶为聘礼，名为“下茶”。

随着时代的变迁，茶与酒在婚礼仪式中融合一体。

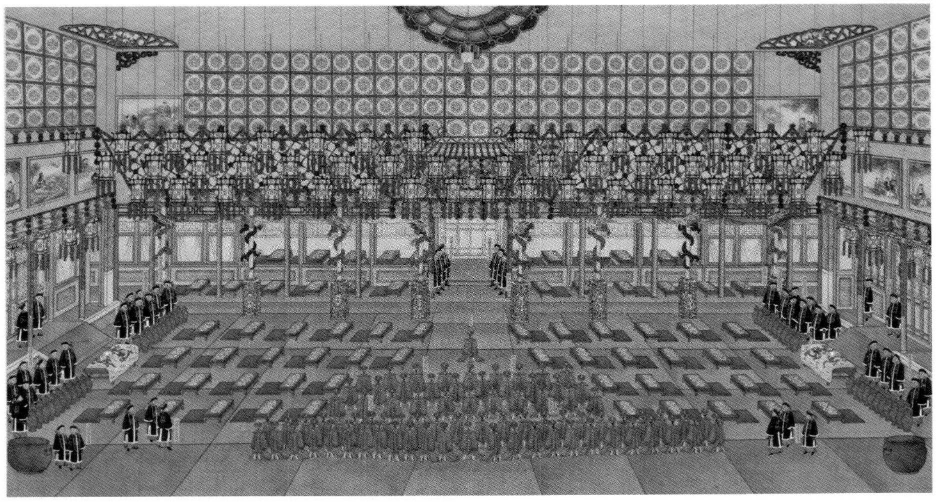

清 庆宽《载湉大婚典礼全图册》(局部) 故宫博物院藏

清 乾隆款豆青釉高足瓷杯

口径 9.3 厘米 底径 5.3 厘米 高 8.9 厘米
中国茶叶博物馆藏

敞口，深腹，腹部压印分割成六大空间，使杯体造型有变化，下承喇叭形高足，足颈上饰有竹节纹，胎质较密，釉色滋润。喇叭形足内有蓝色篆书款“大清乾隆年制”。

清中期 粉彩什锦纹攒盘

直径 35.5 厘米 高 2.0 厘米
中国茶叶博物馆藏

攒盘又名拼盘，是盛放食物的器具。此套攒盘由内外两层共九个盘子组成葵花形，里心一件，外围八件，称为“九子攒盘”。小盘折沿、浅腹、圈足，盘内在黄地、绿地、红地、粉地、蓝地、白地上绘花卉、山水等，色彩缤纷。盘子背面用矾红绘折枝竹叶，盘底施釉。整套攒盘色调和谐，俗中有雅。用它盛放各式茶点，能为饮茶增添不少情趣。

晚清 喜字盘

口径 14.0 厘米 底径 8.1 厘米 高 2.4 厘米
中国茶叶博物馆藏

盘敞口，微外撇，弧壁，圈足。盘内壁绘石榴、寿桃、卷草等吉祥纹饰；盘周圈书写三个红色“囍”字，渲染喜庆气氛。

民国 青花喜字大壶

口径 20.0 厘米 底径 15.0 厘米 高 26.0 厘米
中国茶叶博物馆藏

唇口，溜肩，鼓腹，短流，胎体厚重，釉色泛青。肩饰四系，腹部书“囍”字。青花色泽浓艳，蓝色的花纹与洁白的胎体相互映衬，颇具美感。

民国 粉彩麟趾呈祥杯 一对

口径 7.8 厘米 底径 3.0 厘米 高 7.0 厘米
中国茶叶博物馆藏

敞口，弧腹，胫部内收，矮圈足。内外施白釉，杯身添粉彩，绘人物纹饰，胫部和圈足处饰以青花回纹、唐草纹。

陽矣景事糢糊不復記憶
卯重付裝潢落成之日又值
游者覽物興懷盖不知涕
歲己卯重裝此畫又九歷重陽庚辰罷
政滯留三年從游多燕趙悲歌之士六不
記落帽何所矣癸未在鄉園携子姪輩
登魯南城甲申登魯北城乙酉丙戌
兩登大庭之庫丁亥行部鄆道上與佃
野弟稍憩黃梁亭處今年戊子予抱
甲一週貧病且甚手管季黃花糕酒俱
費拮据尚未卜登臨之地九些空堂獨
謾書此

养生

酒与茶都与中国传统的医药养生关系密切。

酒被称为“百药之长”。醫（医），《说文》曰：“治病工也，从医从酉……《周礼》有医酒。”段玉裁注：“医本酒名也。”酒用于疾病治疗和养生保健的历史悠久。长沙马王堆汉墓出土的帛书《五十二病方》已经记载酒疗方四十首，制作方法包括用酒煮药物、浸渍药物等。

茶被称为“百病之药”，人类利用茶叶之初就发现了其药用价值。唐代司马贞《史记·补三皇本纪》中提到：“（神农）始尝百草，始有医药。”吴觉农《茶经述评》中明确提出“茶最初是作为药用进入人类社会的”。

唐代《新修本草》将茶列于木部中品，总结其功效有下气、去热、渴，消宿食，利小便等。至宋代中医茶疗及养生的使用方法和运用范围逐渐扩大，如《太平惠民和剂局方》即列有药茶专篇。至明清时期，李时珍在《本草纲目》中对茶进行了系统性总结，开始强调茶在养生保健中的重要地位。《寿世青编》中所述的“十二时无病法”更是强调了这种以养生为主的茶疗，以茶事给人以亲近自然的养生状态，贴近日常生活。

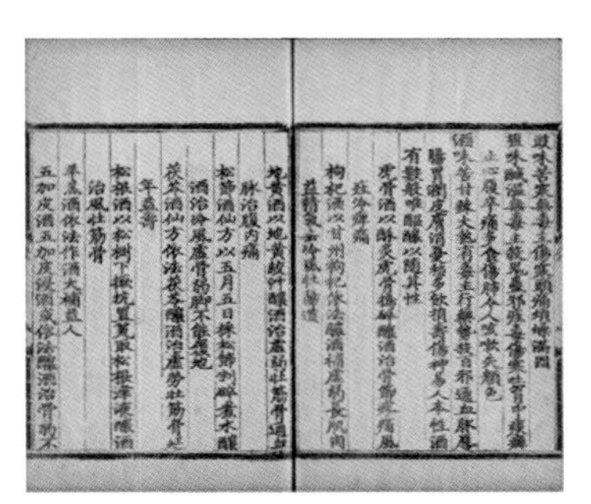

元《饮膳正要》中关于滋补酒的记载

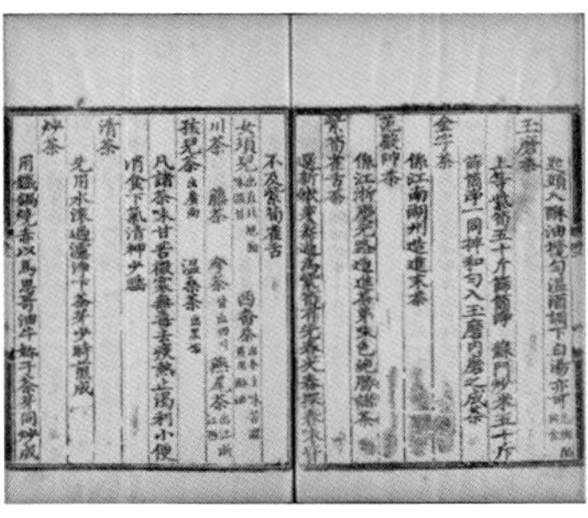

元《饮膳正要》中关于饮茶养生的记载

明 陈洪绶《饮酒读书图轴》
上海博物馆藏

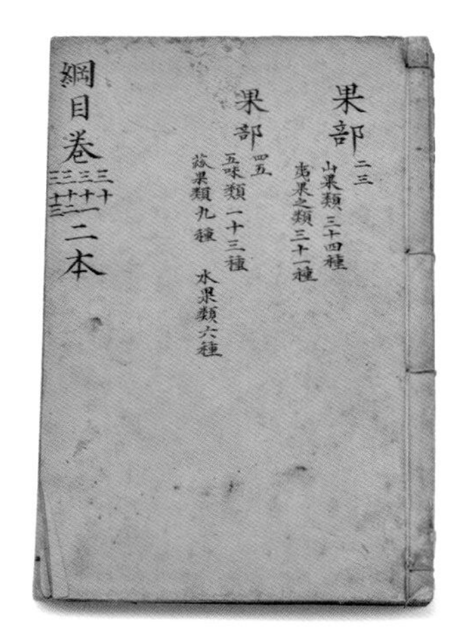

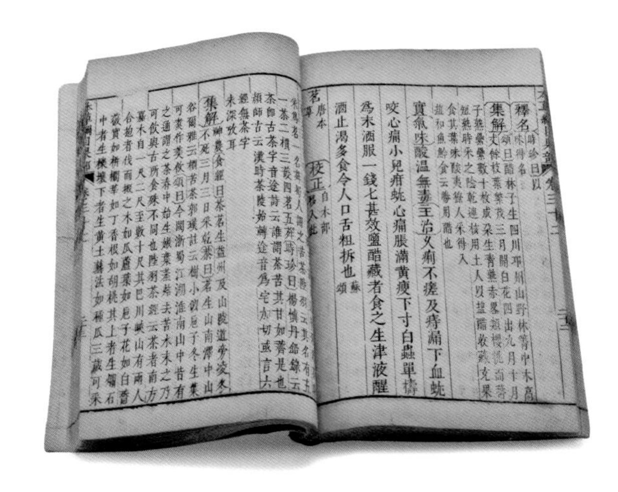

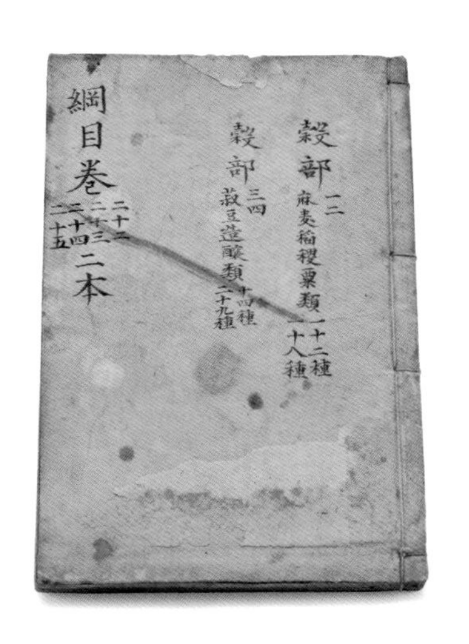

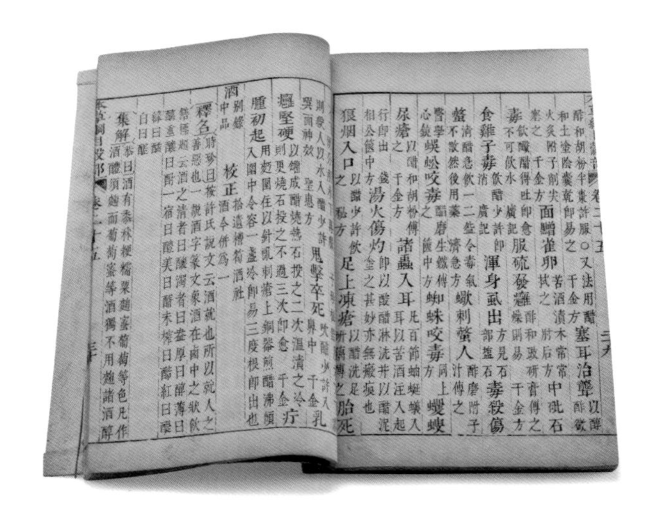

明 李时珍著《本草纲目》乾隆四十九年（1784）书业堂重镌版

长 24.8 厘米 宽 16.5 厘米

浙江中医药博物馆藏

《本草纲目》为明代药学名著，成书于 1578 年，初刊于 1590 年。全书 52 卷，载药 1892 种，收集医方 11096 个。本书初刊后经多次刊刻，形成多个版本系统。书业堂本刻于清乾隆四十九年（1784），据 1655 年太和堂本重刻，属于钱蔚起本系统。《本草纲目》对茶的记载见于卷三十二果部“茗”条，对酒的记载见于卷二十五谷部“酒”“烧酒”等条。

清 青花三星人物研药钵（带杵）

直径 20.3 厘米 高 8.4 厘米
浙江中医药博物馆藏

此研药钵为清代器，钵身绘制青花福禄寿三星人物图案。福、禄、寿是中国民间信仰的三位神仙，象征幸福、吉利、长寿。道教以之为天上三位吉神。

清 汕头松鹤斋老陈皮罐

直径 6.5 厘米 高 6.2 厘米
浙江中医药博物馆藏

敛口，直腹，缺盖。罐身文字“汕头永和街松鹤斋”“五年久药制老陈皮”。

陈皮是中药，也是南方常见果饯零食。药制老陈皮是广东潮汕地区的制法，通常加入罗汉果、甘草等药物，经过多道工序制成，以年份久为佳。可直接食用或泡水饮用，有理气和中、化痰止咳功效。

清 冯了性药酒瓶

直径 6.0 厘米　高 8.0 厘米
浙江中医药博物馆藏

瓷质，瓶身前后均有文字，分别是“广东冯了性药酒”“南京评事街郑福兰堂”，当为光绪年间南京郑福兰堂分号出售冯了性药酒所用。冯了性药酒为明代广东佛山著名成药品牌，原名“万应药酒”，后改“冯了性风湿跌打药酒”，行销数百年。光绪元年（1875），广东人郑葆舟在南京开设郑福兰堂药号南京分号，兼售冯了性药酒等中成药。

清《中山松醪赋》手卷

总卷长 547.0 厘米　其中拓片长 310.0 厘米　宽 25.5 厘米
浙江中医药博物馆藏

《中山松醪赋》由北宋苏轼撰。苏轼在定州（古中山国）时曾以松节加黍米、麦子等酿酒，后作此赋，内含茶酒养生之道。此本系清代钱沣（字南园）所书法帖拓本，十二纸接装为手卷。

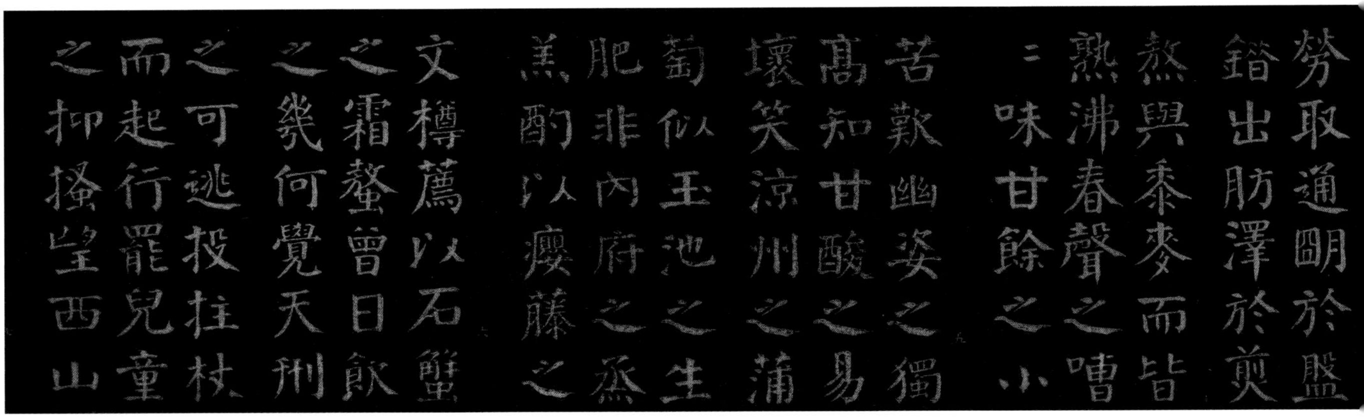

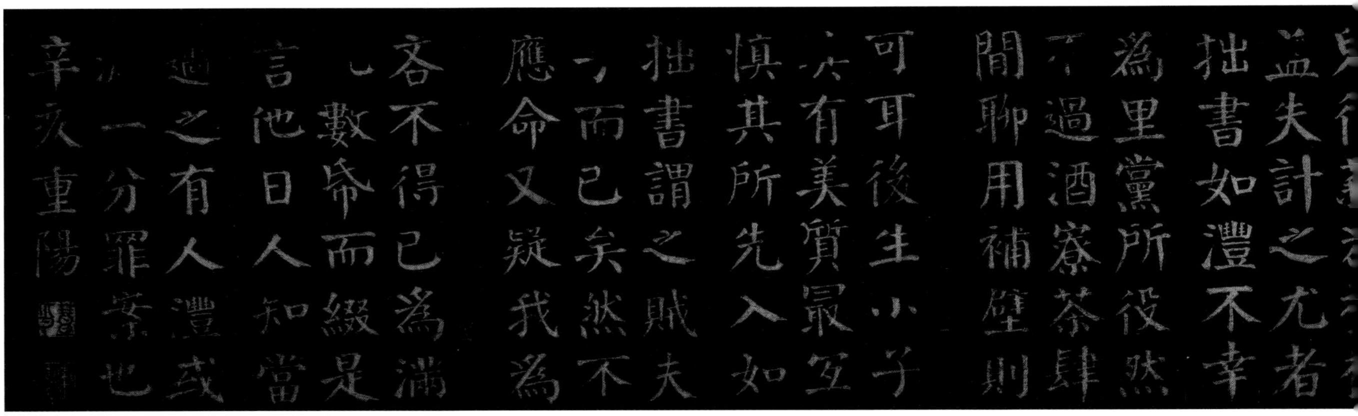

中山松醪賦

始余濟衡漳涉而夜號燧松明以記險散星宿於亭皋鬱風之香霧若訴余以遭豈千歲之妙質死斧於鴻毛效區々寸明曾何異於東蒿爛文章之糾纏驚節解而流膏噫構厦其已遠尚藥石之可曹收薄用於桑榆製中山之松

之咫尺欲褰裳以游遨跨超峰之奔鹿接挂壁之飛猱遂從此而入海渺翻天之雲濤使夫嵇阮之倫與羣仙之豪或騎麟而翳鳳爭榼挈而瓢操顛倒白綸巾淋漓宫錦袍追東坡而不可及歸餔啜其醨糟漱松風於齒牙猶足以賦遠游而續離騷也有亭將挈仲兕

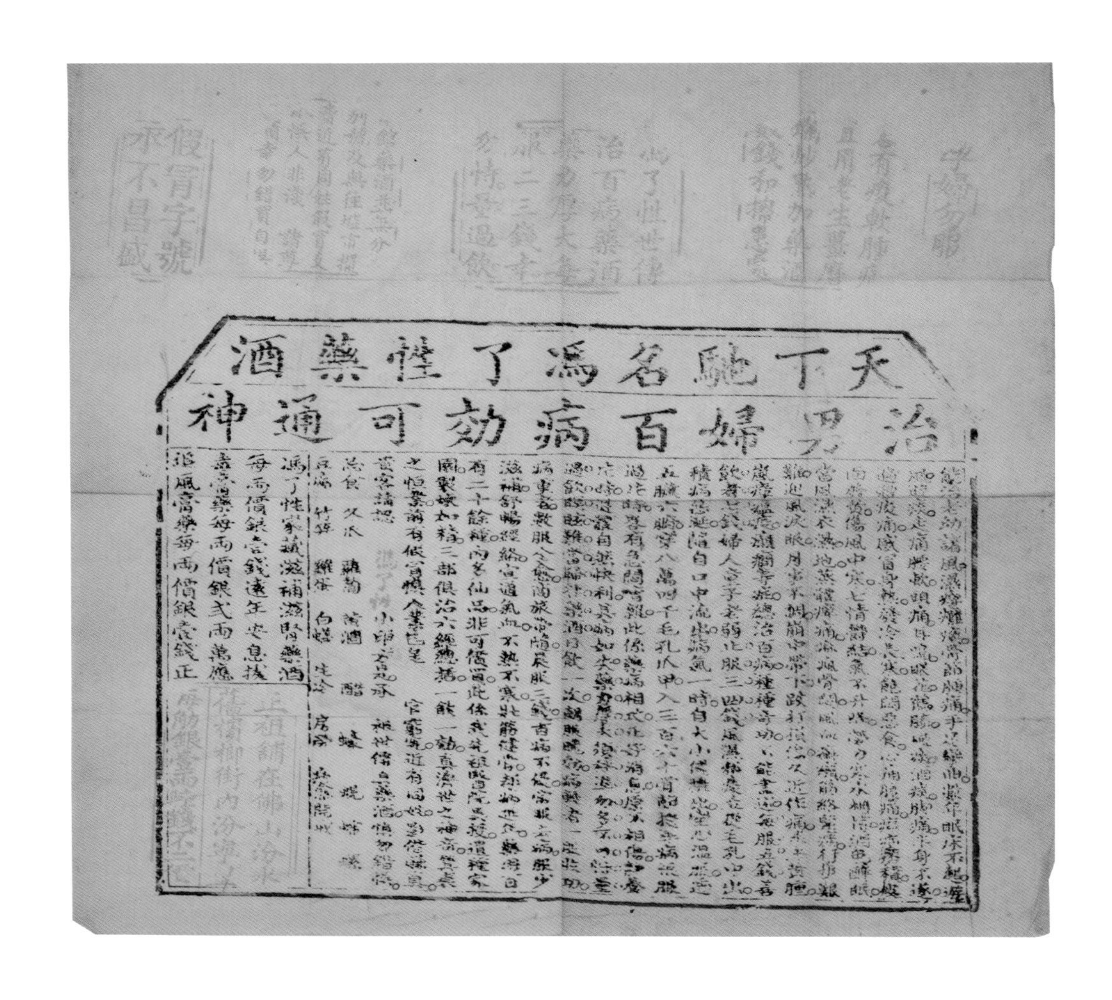
天下馳名馮了性藥酒
治男婦百病効可通神

清 天下驰名冯了性药酒仿单

宽 18.0 厘米　高 18.0 厘米
浙江中医药博物馆藏

宣纸木刻。仿单即成药说明书。木刻框内分两栏，上栏两行文字为“天下驰名冯了性药酒，治男妇百病效可通神”，下栏介绍冯了性药酒主治功用、应用范围、服用方法、禁忌、注意事项、价格等。天头有“（注意）孕服勿服”等红印五方，下栏左侧有红印一方。

1800 年《卖蛇酒商贩》（A Viper Seller）铜版画

宽 25.5 厘米 高 34.3 厘米

浙江中医药博物馆藏

蒲呱（Pu Qua），乔治・亨利・梅森（George Henry Mason）绘。

《卖蛇酒商贩》出自英国人乔治・亨利・梅森出版的《中国服饰》（*The Costume of China*）一书。该画作既采用了西式绘画的透视明暗手法，又保留了中式绘画的线条勾勒方法，描绘了晚清一位卖蛇酒商贩的形象。

《中国服饰》英文首版于 1800 年，作者乔治・亨利・梅森是英军第 102 团的少校，其生平不可考。《中国服饰》中的原稿画作者为“蒲呱”，是当时广州外销画最常见的署名之一。

晚清 青花文字四系壶

直径 23.5 厘米 高 26.0 厘米
浙江中医药博物馆藏

圆唇、短颈、直腹，四系，带流。壶身绘制青花花鸟，有“李记”“致中和用”等文字标识，并有多处题诗。文字分别为：

“春风吹到孙杨堤，晓日东升昏日西。云气出山都带雨，落花随水不沾泥。平生得意无他事，惯将山水作诗题。”

“二月桃花放，夭桃吐玉华。林中均秀色，李树又含花。”

“万里长江漂玉带，一轮明月滚金球。”

“明月松间照。”

“林中生玉竹，小山氏。”

民国二十六年（1937）“杭菊花”瓷罐

直径 19.0 厘米 高 15.0 厘米
浙江中医药博物馆藏

白釉黑字，文字为“杭菊花”“民国廿六”“尊兴制”。杭菊花是常见花茶品种，同时是浙江道地药材，为“浙八味”之一，又名杭白菊，性味辛、甘、苦，微寒，有疏风散热、清肝明目、清热解毒的功效。清代吴仪洛《本草从新》记载：“甘菊花，甘苦微寒，备受四气……家园所种，杭产者良。”

民国 亚新“虎骨”绿釉陶罐

直径 21.0 厘米 高 28.0 厘米
浙江中医药博物馆藏

瓷质，绿釉，黑字。坛身文字为“亚新陶器”“太白风高”“虎骨”。为虎骨酒专门器具。

虎骨酒是虎骨的药用剂型之一，孙思邈《千金要方》记载虎骨酒的制作方法和主治病证云：“治骨虚酸疼，不安好倦，主膀胱寒。虎骨酒方：虎骨一具，通炙，取黄焦汁，尽碎之如雀头大，酿米三石，曲四斗，水三石，如常酿酒法。”

民国 绿釉“药烧”陶质酒坛

直径 24.0 厘米 高 37.0 厘米
浙江中医药博物馆藏

无盖，陶制，绿釉黑字，坛身绘兰花图两幅、菊花图一幅，文字为“药烧”。

“药烧”指加药物浸制的烧酒，有虎骨药烧酒、红药烧酒、黄药烧酒等不同品种，多具活血通络、祛风散寒之功效。

民国 白釉青花“陈谷烧酒”瓷坛

直径 25.0 厘米 高 34.0 厘米
浙江中医药博物馆藏

瓷质，带流，无盖，白釉青花。文字为“陈谷烧酒”。为贮盛用陈年谷子所酿烧酒的专用容器。陈谷，本草又称“陈仓米”，《备急千金要方》载其“味咸酸，微寒，无毒，除烦热，下气调胃，止泄利”。

民国“桐君古录”茶盒

深 18.0 厘米 宽 16.5 厘米 高 18.5 厘米
浙江中医药博物馆藏

木质，黑漆，盒顶有双提梁提手，盒面有“桐君古录”金漆文字。桐君是传说中的黄帝臣子，擅长本草，是中国古代最早的药学家，著有《桐君采药录》，又称《桐君录》。唐代陆羽《茶经》中引用了《桐君录》的内容。由此“桐君古录”也成为茶文化中的常用典故。

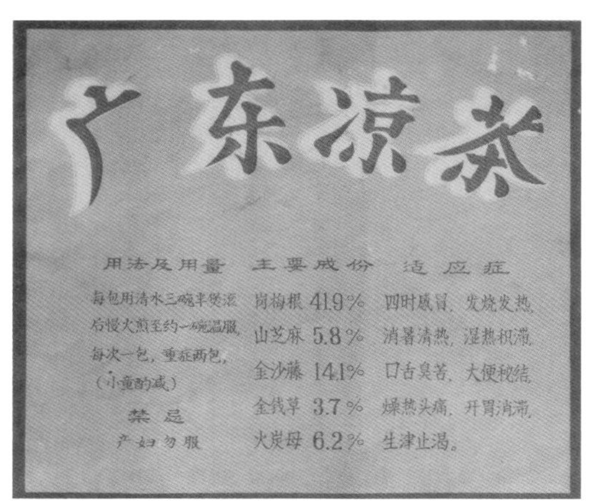

1966 年 广东凉茶（王老吉）包装袋

长 21.0 厘米　宽 17.7 厘米

浙江中医药博物馆藏

原为广州羊城药厂出品广东凉茶（王老吉）包装袋，现存单面。王老吉凉茶由王泽邦于清道光八年（1828）在广州十三行靖远街创立，是最著名的广东凉茶品牌。1956 年公私合营后更名为王老吉联合制药厂，1965 年更名为广州中药九厂，同时王老吉凉茶改名为“广东凉茶”。1982 年药厂更名为广州羊城药厂，1992 年更名广州羊城药业股份有限公司，现名广州王老吉药业股份有限公司。

后记

山中何事？松花酿酒，春水煎茶。

茶和酒是中国人闲来无事的消遣，更是抒发情感不可或缺之物。

茶和酒在人们生活中占据了重要位置，在文化内涵上也有着诸多相似之处。它们都是中国传统文化的重要组成部分，承载着深厚的历史底蕴与民族情感，同时又各具特色及魅力。

本书通过传说、技艺、宴饮、礼俗四个方面，全方位展现了茶、酒在古代中国人生活中的重要地位。“技艺”展示了茶、酒制作的独特工艺，让读者领略到中国传统手工技艺的精髓与智慧。“宴饮”则以时代为序列，展现历代宴席场景。“礼俗”则介绍了茶、酒在婚礼、祭祀以及养生中的应用。

本书的面世为观众提供了一个了解中国茶酒文化的窗口，未来的日子里，茶与酒将会继续在中国人的生活中发挥怡情养性的作用，同时是传承与弘扬中华民族优秀传统文化的重要载体与力量源泉。

感谢浙江中医药博物馆、镇江博物馆、浙江省博物馆、浙江自然博物院慷慨出借文物；感谢为之辛勤付出的领导、专家及团队成员，是以集结策展之成果，以备后鉴。

中国茶叶博物馆馆长 包静

图书在版编目（CIP）数据

隐·侠：古代中国的茶酒生活 / 中国茶叶博物馆编著；包静主编. -- 杭州：浙江古籍出版社，2024. 8.
ISBN 978-7-5540-3065-3

Ⅰ. TS971.2

中国国家版本馆 CIP 数据核字第 20246174C9 号

隐·侠：古代中国的茶酒生活

中国茶叶博物馆 编著
包静 主编

出版发行 浙江古籍出版社 电话：0571—85068292
地　　址 杭州市环城北路 177 号
网　　址 https://zjgj.zjcbcm.com
责任编辑 姚 露
责任校对 张顺洁
责任印制 楼浩凯
装帧设计 梁 庆
印　　刷 浙江海虹彩色印务有限公司
开　　本 889mm×1194mm 1/16
印　　张 12.5
字　　数 200 千
版　　次 2024 年 8 月第 1 版
印　　次 2024 年 8 月第 1 次印刷
书　　号 ISBN 978-7-5540-3065-3
定　　价 398.00 元